Berichte aus dem
Institut für Umformtechnik
der Universität Stuttgart
Herausgeber: Prof. Dr.-Ing. K. Lange

81

Ewald Kling

Aufweitung von Fließpreßmatrizen mit überlagerter thermischer und mechanischer Beanspruchung

Mit 61 Abbildungen und 1 Tabelle

Springer-Verlag Berlin Heidelberg GmbH 1985

Dipl.-Ing. Ewald Kling
Institut für Umformtechnik
Universität Stuttgart

Dr.-Ing. Kurt Lange
o. Professor an der Universität Stuttgart
Institut für Umformtechnik

D 93

ISBN 978-3-540-15755-7   ISBN 978-3-662-05916-6 (eBook)
DOI 10.1007/978-3-662-05916-6

Telefon 0 70 33/38 25-26
2362/3020—543210

GELEITWORT DES HERAUSGEBERS

Die Umformtechnik zeichnet sich durch sehr gute Werkstoffaus-
wertung und hohe Mengenleistung in der Serienfertigung gegenüber anderen Fertigungsverfahren aus, wobei Beibehaltung der
Masse, Änderung der Festigkeitseigenschaften während eines Vor-
gangs und elastische Rückfederung der Werkstücke nach einem
Vorgang wesentliche Merkmale sind. Weiter sind die benötigten
Kräfte, Arbeiten und Leistungen sehr viel größer als z.B. bei
spanenden Verfahren. Die sichere Beherrschung eines Verfahrens
in der industriellen Fertigung und die zunehmende Forderung
nach Vermeidung bzw. Minimierung spanender Nacharbeit erzwingen
die geschlossene Betrachtung des Systems "Umformende Fertigung"
unter zentraler Berücksichtigung plastizitätstheoretischer,
werkstoffkundlicher und tribologischer Grundlagen.

Das Institut für Umformtechnik der Universität Stuttgart stellt
entsprechend Forschung und Entwicklung zum einen auf die Erar-
beitung von Grundlagenwissen in diesen Bereichen ab, zum anderen
untersucht und entwickelt es Verfahren unter Anwendung speziel-
ler Meßtechniken mit dem Ziel einer genauen quantitativen Ermittlung des Einflusses der Parameter von Vorgang, Werkstoff,
Werkzeug und Maschine. Die Behandlung von Problemen des Maschi-
nenverhaltens, der Maschinenkonstruktion sowie der Werkzeugauslegung und -beanspruchung, der Auswahl hochbeanspruchbarer,
verschleißfester Werkzeugbaustoffe und schließlich der Tribo-
logie gehört entsprechend ebenfalls zum Arbeitsgebiet, das
durch die Erfassung organisatorischer und betriebswirtschaft-
licher Fragen abgerundet wird.

Im Rahmen der "Berichte aus dem Institut für Umformtechnik" erscheinen in zwangloser Folge jährlich mehrere Bände, in denen
über einzelne Themen ausführlich berichtet wird. Dabei handelt
es sich vornehmlich um Abschlußberichte von Forschungsvorhaben,
Dissertationen, aber gelegentlich auch um andere Texte. Diese
Berichte sollen den in der Praxis stehenden Ingenieuren und
Wissenschaftlern zur Weiterbildung dienen und eine Hilfe bei
der Lösung umformtechnischer Aufgaben sein. Für die Studieren-

den bieten sie die Möglichkeit zur Vertiefung der Kenntnisse.
Die seit zwei Jahrzehnten bewährte freundschaftliche Zusammen-
arbeit mit dem Springer-Verlag sehe ich als beste Voraussetzung
für das Gelingen dieses Vorhabens an.

Kurt Lange

V o r w o r t

Die vorliegende Arbeit entstand während meiner Tätigkeit als wissenschaft-
licher Mitarbeiter am Institut für Umformtechnik der Universität Stuttgart.

Herrn Professor Dr.-Ing. Kurt Lange danke ich für sein Vertrauen und seine
wohlwollende Unterstützung bei der Durchführung dieser Arbeit.
Herrn Professor Dr.-Ing. Konrad Langenbeck danke ich für die eingehende
Durchsicht dieser Arbeit.

Mein Dank gilt ferner allen Mitarbeiterinnen und Mitarbeitern des Insti-
tuts für Umformtechnik, die durch ihre Unterstützung zum Gelingen dieser
Arbeit beigetragen haben.

Die Mittel für die Durchführung dieser Untersuchung wurden von der Deut-
schen Forschungsgemeinschaft zur Verfügung gestellt.

Stuttgart, März 1985

Ewald Kling

Inhaltsverzeichnis

Verzeichnis der wichtigsten Abkürzungen

Allgemeine Zeichen

$[a]$		Boolsche Zuordnungsmatrix
b_i	mm	Bogenmaß zum Radius i
A	mm²	Fläche
C	N/mm³	Steifigkeit
$[C]$	J/(kgK)	Wärmekapazitätsmatrix (Gesamtstruktur)
c	J/(kgK)	spezifische Wärmekapazität
d	mm	Innendurchmesser, Fugendurchmesser
D	mm	Außendurchmesser
$\underline{D}$	–	Gradientenoperator
$\underline{D}^T$	–	transponierter Gradientenoperator
$[D]$	–	Matrix der Differentialoperatoren
dA	mm²	Flächenänderung
dV	mm³	Volumenänderung
$[E]$	N/mm²	Elastizitätsmatrix
E	N/mm²	Elastizitätsmodul
F	N	Kraft
h	mm	laufende Höhenkoordinate
$\underline{J}$	N	Vektor der Anfangslasten
H	mm	Matrizenhöhe
$[k]$	N/mm²	Elementkonduktivität, Elementsteifigkeit
$[K]$	N/mm²	Struktur-Konduktivität, -Steifigkeit
k_f	N/mm²	Fließspannung
$\underline{n}$	–	Normalenvektor
p	N/mm²	Druck
$\underline{P}$	N, W	Vektor der Kraft, Vektor der Quellen bzw. Senken pro Zeiteinheit
$\dot{q}$	W/m²	Wärmestromdichte
Q	–, J	Schrumpfverbandverhältnis, Wärmemenge
$\dot{Q}$	W	Wärmestrom
r_1	mm	Schultereintrittsradius
r_2	mm	Schulteraustrittsradius
r	mm	Innenradius, laufender Radius
$\underline{r}$	mm	Verschiebungsvektor, äußere Verschiebungen
R	mm	Außenradius
$\underline{R}$	N	Vektor der äußeren Kräfte
RT	20 °C	Raumtemperatur
t	s	Zeit

T	K	Temperatur
$\dot{T}$	K/s	zeitliche Ableitung von T
$\bar{T}$	K	vorgeschriebene Temperatur
u	mm	Verschiebung (Betrag)
$\underline{u}$	mm	Verschiebungsvektor
W	Nm	Arbeit
$\underline{x}$	mm	Ortsvektor
$x,\ z$	mm	Koordinate, Übermaß
α	W/(m²K), °	Wärmeübergangskoeffizient, halber Schulter-öffnungswinkel
α_1	1/K	thermischer Längenausdehnungskoeffizient
δ	–	Differenz
Δ	–	Differenz
ε	%	Dehnung infolge mechanischer Belastung
$\underline{\varepsilon}$	%	Vektor der Normalendehnung
η	%	Dehnung infolge Anfangslasten
$\underline{\eta}$	%	Dehnungsvektor infolge Anfangslasten
ϑ	°C, °	Temperatur, Zylinderkoordinate
λ	W/(mK)	Wärmeleitfähigkeit
μ	–	Reibungszahl
ν	–	Poissonzahl
ξ	‰	relatives Haftmaß
ρ	kg/m³	Dichte
σ	N/mm²	Zug- oder Druckspannung
τ	N/mm²	Anfangsspannungen, Schubspannung
Φ	W	Wärmestrom
φ	–, °	Umformgrad, Winkel
$[\omega]$	–	Matrix der Ansatzfunktionen für Verschiebungen
$\underline{\omega}$	–	Vektor des Interpolationsschemas

Indizes

A	flächenbezogen, Auflage
a	äußere...
B	Belastung
e	elementbezogen
E	Einzel...
g	gesamt
i	innere..., innen...; Zähler

K	Kalibrier-,
M	Mantel...
m	Spalten- oder Zeilenzähler
max	maximal
n	Zählschleife, normal...
o	Anfangs..., Ausgangs...
p	druckabhängig
r	radiale Richtung
R	reibungsbezogen, radial
rz	Schubrichtung
St	Stempel.../Stirn...
t	tangentiale Richtung
T	Transponiert, temperaturabhängig
V	volumenbezogen
z	axiale Richtung
α	bezogen auf Wärmeübergang
1	Innenring
2	Armierungsring
∞	umgebungsbezogen

Sonstiges

∇	Nabla Operator
FEM	Finite-Elemente-Methode
GEH	Gestaltänderungsenergie-Hypothese
[ ]	Zeichen für Matrix
∂	partielle Ableitung
—	Zeichen für Vektor
Σ	Summenzeichen

Hinweis:

$1 \text{ N/mm}^2 = 1 \text{ MPa}$

Im Zuge der Kostenreduzierung wird in jüngerer Zeit in der Kaltmassivum-
formung die Herstellung einbaufertiger Teile, die keiner oder nur einer
geringen spanabhebenden Nachbearbeitung bedürfen, angestrebt.

Um Werkstücke mit engen Toleranzen durch Kaltumformen zu fertigen, bedarf es
der genauen Kenntnis der werkzeugseitigen und verfahrensseitigen Einflußgrößen
auf die Maßbildung am Werkstück.
Bei sorgfältiger Berücksichtigung dieser Einflüsse kann ggf. ein Kalibriervorgang entfallen. Grundsätzlich lassen sich durch Kaltumformen engere
Werkstückstoleranzen realisieren als durch Warmumformen, da bei der Kaltumformung der Temperatureinfluß und die damit verbundenen Temperaturdehnungen von Werkstück und Werkzeug erheblich kleiner sind. Beim Kaltfließpressen von Stahl sind derzeit ISO-Qualitäten von 7 bis 12 erreichbar
[1, 2]. Maß- und Formtoleranzen besser als Qualität 10 sind an einem Werkstück nur für wenige Maße gleichzeitig erzielbar. Hierfür ist die Abstim-
mung des gesamten Umformverfahrens bzw. der gesamten Stadienfolge für das
Erreichen dieser wenigen hochgenauen Werkstückmaße notwendig [3]. Die Maß-
und Formgenauigkeit des Werkstückes wird im wesentlichen von fünf Einflußgrößen bestimmt:
          - Umformmaschine
          - Umformverfahren
          - Rohteil
          - Reibbedingung
          - Werkzeug.
Neben Herstellungsgenauigkeit, Verschleißzustand sowie Oberflächenbe-
schaffenheit des Werkzeuges hat dessen Temperaturdehnungsverhalten und ela-
stisches Federungsverhalten einen wesentlichen Einfluß auf die Genauigkeit
des Werkstückes.

Durch die bei der Umformung erfolgende Wärmeentwicklung im Werkstück erfährt die Matrize eine Temperaturzunahme. Damit verbunden ist eine Maßänderung der Matrizenbohrung. Diese führt ebenfalls zu einer Maßungenau-
igkeit des Werkstückaußendurchmessers.

Ist die gesamte (elastische und temperaturbedingte) Maßänderung der form-
gebenden Matrizenöffnung hinreichend genau bekannt, so kann schon bei der
Werkzeugkonstruktion durch eine gezielte Maßkorrektur an der formgebenden
Matrizenöffnung (Profilvorverzerrung) ein Beitrag zur Steigerung der Werk-

stückgenauigkeit geleistet werden [3]. Damit kann ggf. ein nachfolgender Kalibriervorgang bzw. eine nachfolgende spanende Bearbeitung entfallen.

<u>Problematik</u>

Bild 1 zeigt eine Prinzipdarstellung des Napf- Rückwärts- Fließpressens. Nach Aufsetzen des Stempels auf die obere Rohteilstirnfläche erfolgt zunächst ein Anpressen des Rohteiles an die Wand der Matrizenbohrung. Im weiteren Preßvorgang verdrängt der Fließpreßstempel den Rohteilwerkstoff entgegen derStempelbewegung. Die vom Fließpreßstempel auf das Rohteil übertragene Axialkraft indiziert dort u. a. hohe Radialkräfte, die auf die Matrizenbohrungswand wirken und zu einer Radialbelastung der Matrize führen (linker Bildteil). Unter der Einwirkung dieser Radialkräfte weitet sich die Matrizenbohrung elastisch auf. Dadurch wird der Außendurchmesser des entstehenden Napfes entsprechend größer geformt.

Am Ende des Preßvorganges federt die Matrize wieder elastisch zusammen. Da der Napfaußendurchmesser etwas größer als der Bohrungsdurchmesser der unbelasteten Matrize ist, kann die Matrizenbohrung nicht in ihre Ursprungslage zurückfedern. Der Napf wird in der Matrizenbohrung durch von außen wirkende Radialkräfte eingespannt. Dies führt zu den bekannten Auswerferkräften, deren Höhe mitunter ein Indiz für die elastische Matrizenaufweitung während des Preßvorganges ist [4].

Daneben wird der größte Teil der Umformarbeit durch Versetzungswanderungen und Gleitungen im Werkstückwerkstoff in Wärme umgewandelt (rechter Bildteil). Während der Kontaktberührzeit Werkstück / Matrize wird ein Teil dieser Wärmemenge in die Matrize geleitet.

Beim Preßvorgang entsteht durch das Zusammenwirken von Kontaktnormalspannung und Relativbewegung zwischen Napfaußenwand und Matrizenbohrungswand Reibwärme. Ein Teil dieser Reibwärme fließt ebenfalls in die Matrize. Die Matrize erfährt aufgrund dieser Wärmezufuhr mit jedem Preßteil eine Temperaturerhöhung, bis sich ein stationärer Temperaturzustand einstellt.

Insgesamt hängt die Maßgenauigkeit des Napfaußendurchmessers von der Größe der elastischen Auffederung der Matrizenbohrung und der temperaturbedingten Aufweitung der Matrizenbohrung ab.
In Bild 2 sind diese Zusammenhänge schematisch für das Umformverfahren Voll-Vorwärts-Fließpressen dargestellt.

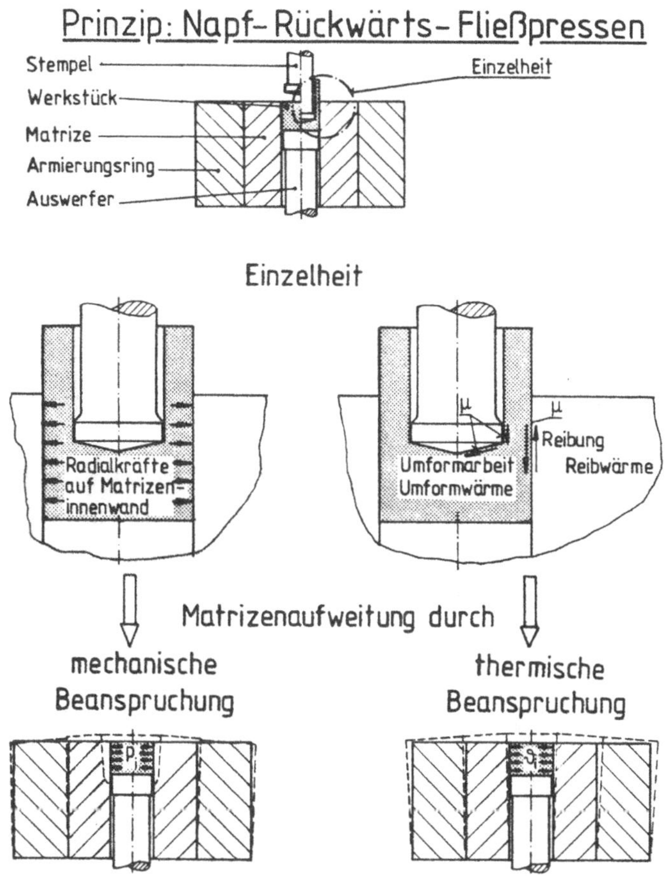

Bild 1: Problemstellung beim Napf-Rückwärts-Fließpressen.

In der vorliegenden Arbeit wurden an armierten Matrizen die elastische Aufweitung der Matrizenbohrung unter mechanischer Belastung und ihre Aufweitung unter Temperatureinwirkung mit Hilfe der Finite-Elemente-Methode berechnet. Bei sämtlichen Berechnungen wurde aus dem o. a. Grund eine stationäre Temperaturverteilung im Fließpreßwerkzeug zugrunde gelegt.

Stand der Erkenntnisse

1.1   Mechanische Matrizenbelastung

Spannungs- und Verschiebungsberechnungen in Schrumpfverbänden unendlicher Länge können mit Hilfe der analytischen Gleichungen von Lamé [6] berechnet werden. Dabei wurden allerdings vereinfachende Voraussetzungen gemacht:

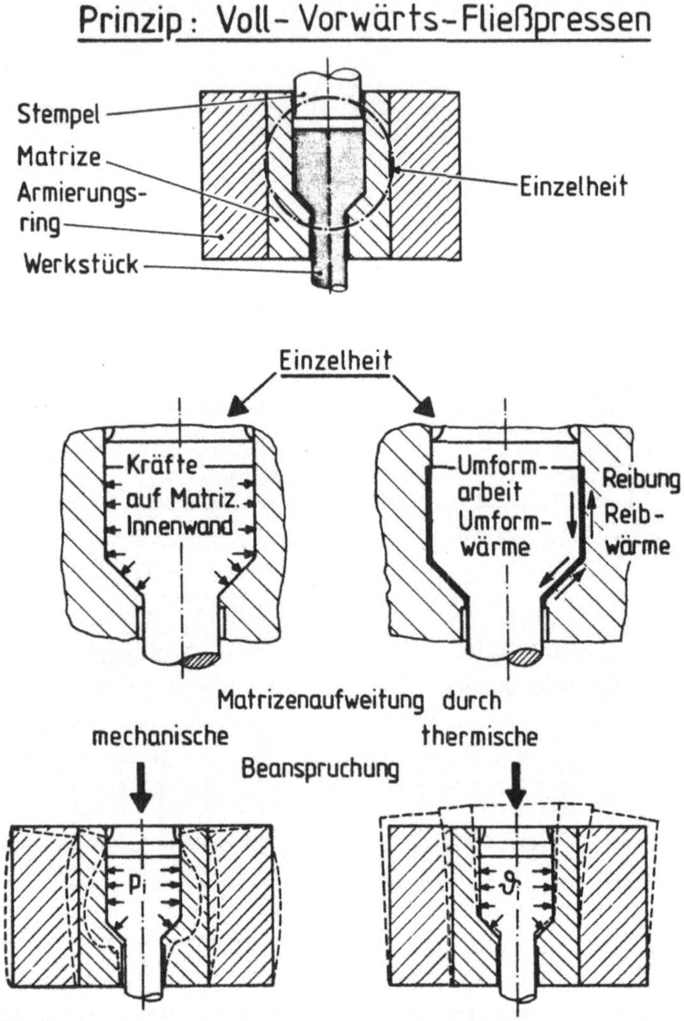

Prinzip: Voll-Vorwärts-Fließpressen

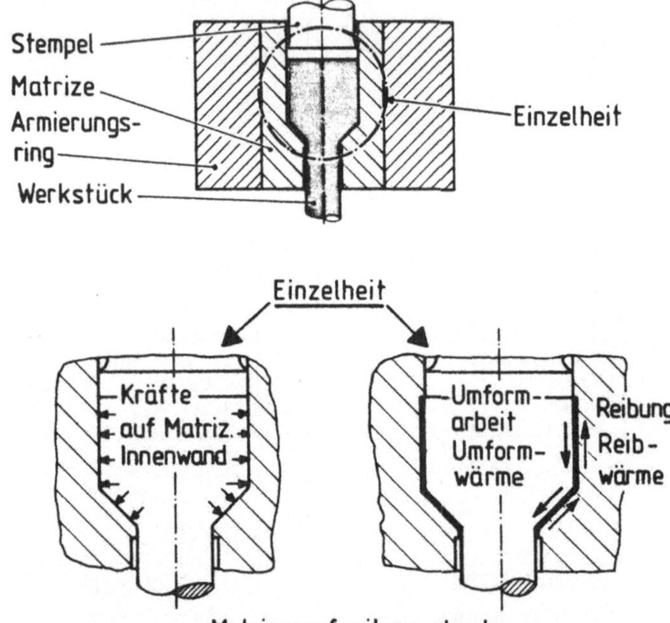

Bild 2: Problemstellung beim Voll-Vorwärts-Fließpressen.

- dickwandiger, unendlich langer Hohlzylinder,
- ebener Spannungszustand,
- linear-elastisches Werkstoffverhalten,
- konstante Belastung über der Hohlzylinderhöhe.

Lamé verwendete für seine Berechnungen eine Art Schubspannungshypothese (Theorie der maximalen Dehnungen).

Friedewald [7, 8] hat das Aufweitungsverhalten von Matrizen mit zylindrischer Innenbohrung unter hydrostatischem Innendruck gemessen und berechnet. Bei sämtlichen Betrachtungen wurde von einer mittigen (symmetri-
schen) Druckraumlage ausgegangen. Die experimentelle Bestimmung der Matrizenaufweitung wurde mit verschieden hohen, symmetrisch gelegenen Druckräumen
durchgeführt. Wirkt der angesetzte Innendruck nicht über die gesamte Matrizenhöhe, so tritt eine Versteifungswirkung der nicht unter Innendruckbelastung
stehenden Querschnitte auf die Matrizenaufweitung auf. Diese Versteifungswirkung ist eine wesentliche Erkenntnis.

Auf der Grundlage der analytischen Gleichungen von Lamé berechnete
Schulz [9] für einfach und zweifach vorgespannte Matrizen mit zylindrischer Innenbohrung Spannungsverläufe und Aufweitungen von Innen-, Fugen-
und Außendurchmesser des Schrumpfverbandes. Elastische Dehnungen infolge
eines bestimmten Innendruckes sind bei doppelt armierten Matrizen größer
als bei einfach armierten Matrizen, da die Dehnung nur vom Gesamtdurch-
messerverhältnis des Schrumpfverbandes abhängt, nicht aber von der
Vorspannung.

Adler/Walter [10] stellen für Matrizen mit beliebig vielen Armierungsringen die Gleichungen der elementaren Theorie sowohl für Spannungs-
als auch für Verschiebungsberechnungen bereit. Diese Arbeit ist wesentliche Grundlage für die VDI-Richtlinie 3186, Blatt 3 [11] , wovon noch
einige vereinfachte Rechenverfahren abgeleitet wurden [12, 13] .

Basierend auf den Gleichungen von Lamé stellte Rüdt [14] das Aufweit-Ver-
halten von vorgespannten Fließpreßmatrizen mit zylindrischer Innenbohrung
systematisch dar. Dabei wurde der über die gesamte Matrizenhöhe wirkende
Innendruck neben der Vorspannung und den Matrizenabmessungen variiert.
Temperaturbedingte Matrizenaufweitungen wurden nicht betrachtet.

In einer systematischen Untersuchung von Krämer [15] wurden einfach
und doppelt armierte Matrizen mit zylindrischer Innenbohrung mit Hilfe
der Finite-Elemente-Methode untersucht. Hierbei stand die Ermittlung
der Spannungsverläufe in Matrize und Armierung unter verschiedenen
Belastungen und Vorspannungen im Vordergrund. Auch wurde der Einfluß
des Innendrucks und der Größe des Druckraumes sowie der Schrumpfverband-
geometrie untersucht. Neitzert [16] weitete diese Untersuchungen der
Spannungsverläufe im Schrumpfverband dann auf Matrizen mit Schulter
aus. Bei den Betrachtungen wurden Vorspannungen zugrunde gelegt, die

noch keine Plastifizierung in der Fuge verursachen. In einer weiteren
theoretischen Untersuchung mit Hilfe der FEM hat Neitzert [17] das
relative Haftmaß (Vorspannung) erheblich erhöht, um eine Plastifizierung von Innen- und Außenring in der Fuge zu berücksichtigen. Durch
eine extrem hohe Vorspannung ergibt sich eine weitere Steigerung der Matrizenbelastbarkeit durch Innendruck. In den Arbeiten [15, 16, 17] wurden
die Verschiebungen der Matrizeninnenwand allerdings nur beispielhaft
und nicht systematisch untersucht.

1.2   Thermische Matrizenbelastung

Hinweise über Verschiebungen und Wärmespannungen von dickwandigen Rohren
geben Melan und Parkus [18]. Es wurden ausschließlich Beispiele betrachtet,
die eine geschlossene analytische Lösung erlauben.

Auf der Grundlage der Lamé-Theorie gibt Becker [19] Gleichungen
für die Spannungs- Dehnungsberechnung von innendruck- und innentempera-
turbelasteten Matrizen an. Mit Hilfe des Differenzenverfahrens hat
Dalheimer [20] die Temperaturverläufe während des Strangpreßvorganges
unter Berücksichtigung von vorgangsbedingter Wärmeentwicklung und Wärmeabgabe nach außen an die Umgebung berechnet. Auf der Grundlage dieser
Ergebnisse berechnete Gieselberg [21] zusätzlich die Aufweitung der
formgebenden Matrizenöffnung unter dem Einfluß von Innendruck und Temperatur, wobei von der Raumtemperatur verschiedene Anfangstempera-
turen mit einbezogen wurden. Dabei wurde die Temperaturverteilung in
Werkstück und Werkzeug mit dem Differenzenverfahren, und die Matrizen-
verschiebungen mit Hilfe der Finite-Elemente-Methode berechnet. Sowohl
experimentelle als auch theoretisch gewonnene Ergebnisse zeigen eine
stärkere Maßänderung des Matrizendurchbruches infolge Temperatureinfluß
als bei rein mechanischer Belastung. Da hier nur das Strangpressen von Blei
und Aluminium betrachtet wurde, traten auch nur "geringe" mechanische
Belastungen an der Strangpreßmatrize auf.

Altan [22] berechnete ebenfalls mit dem Differenzenverfahren unter
Berücksichtigung von Wärmeleitung im Werkstück und Werkzeug, sowie
Wärmeentwicklung durch die Umformung die Temperaturfelder für das
Voll-Vorwärts-Fließpressen. Im Schultereinlauf errechnete er Temperatur-
steigerungen von $\Delta T \approx 100$ K bei Blei und $\Delta T \approx 200$ K bei Aluminium.

Behr [23] errechnete auf der Basis der Fourier'schen Wärmeleitgleichung
die radiale Temperaturverteilung in der Matrize unter Berücksichtigung
des zeitlichen Einflusses. Er stellte fest, daß die Druckberührzeit
Werkstück/Werkzeug in starkem Maße die Temperaturverteilung in der
Matrize beeinflußt.

Im Bereich des Gesenkschmiedens hat Mareczek [24] die elastische Verformung eines Schmiedegesenkunterteiles mit Hilfe der FEM berechnet. Dabei
wurden die einzelnen Verformungsanteile infolge thermischer und mechanischer Belastung aufgezeigt. Die Gesamtverschiebung bei thermischer und
mechanischer Belastung ergibt sich dann aus der Superposition der Einzelverschiebungen. Weiterhin war die maximale Vergleichsspannung entlang der
Gravur des Gesenkes niedriger als bei rein mechanischer Beanspruchung. In
Fortführung dieser Erkenntnisse hat Stute-Schlamme [25] das Last-Ver-
schiebungs- und Last-Spannungsverhalten von Schmiedegesenken unter thermischer und mechanischer Beanspruchung systematisch untersucht. Hierbei
wurden auch armierte Schmiedegesenke betrachtet.

Stabel [26] erstellte ein Rechnerprogramm für die Warmmassivumformung zur
Berechnung thermischer und mechanischer Gesenkbelastungen. Damit konnte die
thermische Gesenkbelastung während eines Schmiedezyklus, Druckberührzeit,
Liegezeit des Werkstückes im Werkzeug, Kühlung des Werkzeuges ...,
hinsichtlich der Temperatur- und Spannungsentwicklung im Schmiedewerkzeug
thermo-elastoplastisch simuliert werden. Durch die hohen Werkstücktem-
peraturen wird an der Oberfläche der Gesenkgravur die Warmfließgrenze
überschritten,und es treten plastische Deformationen auf. Dies führt
beim Abkühlen des Werkzeuges zu Zugeigenspannungen in der Werkzeugober-
fläche.

Um den Temperatureinfluß auf die Beanspruchung des Werkzeuges zu mindern,
wurden die Auswirkungen von externer bzw. interner (integrierter) Werk-
zeugvorwärmung auf die Spannungsverteilung im Gesenk untersucht. Eine
systematische Untersuchung der Gesenkaufweitungen wurde nicht durchgeführt.

Imai [27] untersuchte beim Napf-Rückwärts-Fließpressen die Einflüsse
der elastischen Werkstückrückfederung und der Werkzeugaufweitung auf
die Maßgenauigkeit der Näpfe. In dieser experimentellen Untersuchung
wurden auch die Einflüsse der elastischen Stempelfederung auf die Genauigkeit des Napfinnendurchmessers erfaßt. Variiert wurden der Schrumpfver-
bandaußendurchmesser D= 20 mm bis 80 mm, die relative Querschnittsänderung

des Napfes ε_A = 0,2 ... 0,7 und der Werkzeugwerkstoff (Elastizitätsmodul E = 2,1 10^5 N/mm² bis 6,2 10^5 N/mm²). Werkstückstoffseitig wurden
Aluminiumlegierungen, Kupfer und Stahl C 15 verwendet. Die Matrizenhöhe
blieb bei sämtlichen Betrachtungen konstant mit H = 22,5 mm.

Es ergab sich eine lineare Abhängigkeit zwischen Werkstückaußendurchmesser und Matrizenbelastung. Erwartungsgemäß erhalten Näpfe aus Werk-
stückwerkstoffen mit niedrigem E-Modul bei Verwendung desselben Werkzeuges einen größeren Außendurchmesser als Näpfe, deren Werkstoffe einen
höheren E-Modul haben. Die Schrumpfverbandsteifigkeit beeinflußt die
Maßgenauigkeit des Napfaußendurchmessers. Bei dieser experimentellen
Arbeit wurde die Matrize grundsätzlich nur über ca. 50 % ihrer Höhe
radial belastet (Rohteilhöhe).

In einer experimentellen Untersuchung hat Leykamm [28] den Einfluß der
elastischen Werkzeugaufweitung auf die Werkstückgenauigkeit beim Napf-
Rückwärts-, Voll-Vorwärts-, Hohl-Vorwärts-Fließpressen und Abstreckgleitziehen unter praktischen Bedingungen untersucht. Neben Temperaturmessun-
gen in der Matrize wurde auch die elastische Aufweitung des Werkzeugs
bestimmt, und es wurden die elastischen Auffederungsanteile, hervorgerufen durch den Temperatureinfluß und mechanische Belastung, herausgestellt.
Die theoretischen Betrachtungen fußen auf Gleichungen für eindimen-
sionale Rechenprobleme.

Aufbauend auf den Arbeiten von Krämer [15], Lange /Neitzert [16], Neitzert
[17] und Leykamm [28] soll in der vorliegenden Arbeit unter Zuhilfenahme
der Finite-Elemente-Methode (FEM) das Verschiebungsverhalten von Schrumpfverbänden unter thermischer und mechanischer Belastung systematisch untersucht werden.

An armierten Matrizen soll die elastische Aufweitung der Matrizenbohrung
unter mechanischer Belastung und ihre Aufweitung unter Temperatureinwirkung
mit Hilfe der Finite-Elemente-Methode berechnet werden. Bei sämtlichen Berechnungen wird eine stationäre Temperaturverteilung im Fließpreßwerkzeug
zugrunde gelegt.

Im Rahmen einer Parameteruntersuchung soll der Einfluß wesentlicher Ausle-
gungsgrößen (Bild 3) auf das Aufweitverhalten einfach und doppelt armierter
Fließpreßwerkzeuge aufgezeigt werden [5] . Dies sind bei Werkzeugen mit
zylindrischer Bohrung (Bild 4) im einzelnen:

- relative Haftmaße in den Fugen,
- Innendruck,
- Temperatur an der Matrizenbohrungswand,
- Größe der relativen Belastungshöhe,
- Durchmesser,
- Wärmekennwerte.

Bei Matrizen mit abgesetzter Bohrung kommt noch der Schulteröffnungswinkel
hinzu. Die Einflüsse der verschiedenen Auslegungsparameter auf die Aufweitung der am Werkstück maßbildenden Matrizenbohrung werden systematisch
dargestellt und für die Anwendung durch den Praktiker in Berechnungsschaubildern zusammengefaßt.

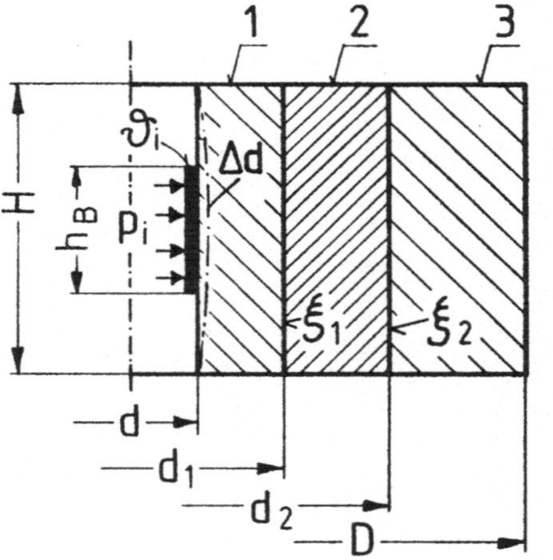

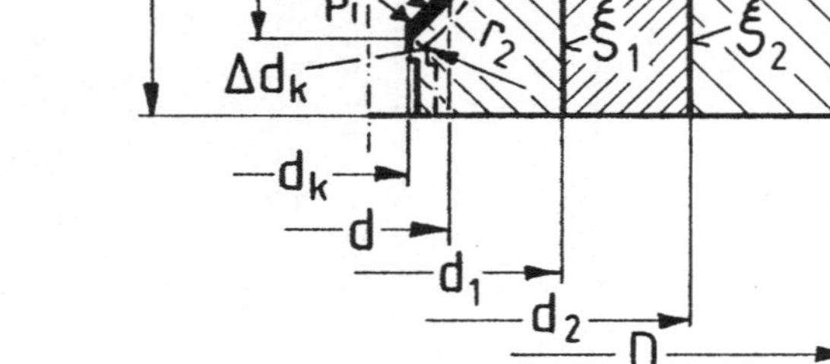

1	Matrize, Innenring
2 3	Armierungsring
H	Matrizenhöhe
h_B	Höhe des belasteten Bereiches
	(h_B/H: relative Belastungshöhe)
d	Innendurchmesser
d_1	Fugendurchmesser
d_2	Fugendurchmesser
D	Außendurchmesser
ξ_1	relatives Haftmaß
ξ_2	relatives Haftmaß
ϑ_i	Temperatur
p_i	Innendruck (Normaldruck)

d_k	Durchmesser der Kalibrierstrecke
r_1	Schultereinlaufradius
r_2	Übergangsradius in die Kalibrierstrecke
$2 \cdot \alpha$	Schulteröffnungswinkel
Δd	Durchmesseränderung
Δd_k	Kalibrierdurchmesseränderung

Anmerkung:
Der vorgespannte Verband wird je nach Art des Fügens Schrumpf- bzw. Preßverband genannt oder auch als vorgespannte Matrize bezeichnet.

Bild 3: Bezeichnungen an Fließpreßmatrizen.

Armierte Fließpreßmatrizen / Parameter	Werkzeuge mit zyl. Bohrung		Werkzeuge mit abgesetzter Bohrung	
	einf. armiert	zweifach armiert	einf. armiert	zweifach armiert
Geometrie				
Matrizenhöhe H	k	k	k	k
Innendurchmesser d	k	k	k	k
Kalibrierdurchmesser d_k	–	–	k	k
Fugendurchmesser d_1	(v)	k	(v)	k
Fugendurchmesser d_2	–	k	(v)	(v)
Außendurchmesser D	(v)	(v)	(v)	(v)
Schultereinlaufradius r_1	–	–	k	k
Schulterauslaufradius r_2	–	–	k	k
Schulteröffnungswinkel 2α	–	–	(v)	(v)
Werkstoffkennwerte				
Elastizitätsmodul E	(v)	k	k	k
Querdehnzahl ν	k	k	k	k
Längenausdehnungskoeffizient α_1	(v)	k	k	k
Wärmeleitfähigkeit λ	(v)	k	k	k
Wärmeübergang Werkzeug Luft α	(v)	k	k	k
Wärmeübergang Werkzeug/ Werkzeugauflage α_A	(v)	k	k	k
Belastung				
Relatives Haftmaß ξ	(v)	k	(v)	k
Innendruck p_i	(v)	(v)	(v)	(v)
Temperatur ϑ_i	(v)	(v)	(v)	(v)
rel. Belastungshöhe h_B/H	(v)	(v)	(v)	(v)
Belastungsort	(v)	k	k	k

(v) = variiert   k = konstant   – = entfällt

Bild 4: Variationsmatrix der untersuchten Parameter.

3   Grundlagen der Berechnungen

Mit Hilfe der Finite-Elemente-Methode (FEM) ist es auf relativ einfache
Weise möglich, das Aufweitungsverhalten armierter Fließpreßmatrizen
bei mechanischer und thermischer Belastung hinreichend genau zu berechnen
und damit Aussagen über deren Steifigkeitsverhalten und Temperaturverteilungen sowie Spannungsverteilungen zu machen. Für die Bauteilberechnung
mit Hilfe der FEM wird für ein reales Bauteil ein Rechenmodell mit
definierten Randbedingungen erstellt. Dieses Rechenmodell wird dann
in einen Verband finiter Elemente von einfacher geometrischer Gestalt
eingeteilt [29] . Längs ihrer Berandung sind die Elemente durch Knotenpunkte miteinander verknüpft. Sowohl bei der Temperaturrechnung als
auch bei der statischen Rechnung liegen den einzelnen Elementen einfache, meist quadratische Ansatzfunktionen für die Beschreibung
der Temperatur- bzw. Verschiebungsverteilung (Verschiebungsmethode)
im Element zugrunde [29,30]. Damit läßt sich die Temperaturverteilung bzw.
das elastische Verhalten der Elementmodelle über sog. Elementkonduk-
tivitätsmatrizen bzw. Elementsteifigkeitsmatrizen bestimmen. Durch Über-
lagern aller Elementkonduktivitäten bzw. Elementsteifigkeiten, gemäß ihrer
Verknüpfung in der Gesamtstruktur (Elementzuordnungsmatrix) wird die
globale Konduktivitätsmatrix bzw. globale (Gesamt-)Steifigkeitsmatrix
des Bauteiles formuliert.

Bei der Temperaturrechnung erfolgt die Ermittlung der Temperaturverteilung durch das Lösen der Wärmebilanzgleichung mit Hilfe eines virtuellen
Temperaturfeldes, das die Temperaturrandbedingungen exakt erfüllt [31].

Bei der statischen Rechnung führt die Anwendung des Prinzips der virtuellen Arbeit auf ein lineares Gleichungssystem für die unbekannten Knotenpunktsverschiebungen. Über das Stoffgesetz für linearelastisches Werkstoffverhalten können hieraus die zugehörigen Spannungen berechnet
werden.

Die nachstehende Darstellung folgt im wesentlichen den Herleitungen in
[31, 32] und ist auf die für die Berechnungen verwendeten Programm-
systeme abgestimmt. Sie dient lediglich dem Verständnis für das Vor-
gehen bei der vorliegenden Untersuchung. Ausführliche Betrachtungen finden sich in der Literatur [29, 30, 33, 34, 35] .

3.1 Gleichungen für die Finite-Elemente-Rechnung

3.1.1 Wärmeübertragung

In diesem Abschnitt werden die grundlegenden thermodynamischen Beziehungen für Wärmeübergang, Wärmeleitung und temperaturbedingte Längenausdehnung eines betrachteten Werkstoffelementes beschrieben. Zur Ermittlung der Temperaturverteilung in diesem Werkstoffelement wird um dieses Element eine Systemgrenze gelegt und eine Wärmebilanz aufgestellt. Mit Hilfe der thermodynamischen Werkstoffkenngrößen (ρ , c, λ) kann dann die Temperaturverteilung in diesem Element berechnet werden.

Grundlegendes

Die Wärmebilanzgleichung beschreibt die in das betrachtete Werkstoffelement eintretenden und austretenden Wärmeströme unter Berücksichtigung der in diesem Werkstoffelement verbleibenden (gespeicherten) bzw. der in diesem Werkstoffelement zusätzlich erzeugten Wärme $\dot{q}$.

Nach [36] lautet diese Wärmebilanzgleichung

$$\rho\, c\, \dot{T} - \lambda\, \nabla^2 T = \dot{q} \; . \tag{1}$$

Hierin beschreibt der erste Term (Speicherglied) den im betrachteten Werkstoffelement verbleibenden bzw. den von diesem abgegebenen Wärmestrom. Der zweite Term beschreibt die in das betrachtete Werkstoffelement ein- bzw. austretenden Wärmeströme.

Nach [31] kann Gleichung (1) in Matrix-Form wie folgt geschrieben werden:

$$\rho\, c\, \dot{T} - \underline{D}^{T} [\lambda_T] \underline{D}\, T = \dot{q} \tag{2}$$

wobei $\underline{D}$ der Gradientenoperator, ein Vektor der kartesischen Ableitungen, und $[\lambda_T]$ die symmetrische Wärmeleitmatrix ist.

Zur eindeutigen Lösung dieser Feldgleichung wird die Wärmestromdichte $\dot{q}$, welcher von der Zeit t und vom Ort $\underline{x}$ abhängig ist, in einen temperaturunabhängigen Anteil $\dot{q}_0(\underline{x},\,t)$ und einen temperaturabhängigen Anteil $\dot{q}_1(\underline{x},\,t)\cdot T\,(\underline{x},\,t)$ zerlegt,

$$\dot{q} = \dot{q}_0(\underline{x},t) + \dot{q}_1(\underline{x},t)\cdot T(\underline{x},t)\ . \tag{3}$$

Zusätzlich müssen Anfangs- und Randbedingungen formuliert werden.

<u>Anfangsbedingungen</u>

Zu Beginn der Zeitmessung $t = t_0$ ist die Ausgangstemperatur bekannt,

$$T(\underline{x},t_0) = T_0(\underline{x})\ . \tag{4}$$

<u>Randbedingungen</u>

An den Oberflächen wirken vorgeschriebene Temperaturen $\bar{T}$ oder vorgeschriebene Wärmeströme, bzw. Wärmeübergänge $\dot{q}_\alpha$ in ein umgebendes Medium mit der Temperatur T_∞ .

$$T(\underline{x},t) = \bar{T}(\underline{x},t) \tag{5}$$

$$\dot{q}_n(\underline{x},t) = \underline{n}^T \dot{q}_T = -\underline{n}^T[\lambda_T](\underline{D}T) = -D_n^T[\lambda_T](\underline{D}T) \tag{6}$$

oder

$$\dot{q}_n(\underline{x},t) = \dot{q}_\alpha(\underline{x},t)$$

Hierbei läßt sich der Wärmeübergang wie folgt beschreiben:

$$\dot{q}_\alpha(\underline{x},t) = \alpha\left[T(\underline{x},t) - T_\infty(\underline{x},t)\right] \tag{7}$$

mit dem Wärmeübergangskoeffizienten $\alpha = \alpha\ (T(\underline{x},\,t))$.

Zur Idealisierung mit finiten Elementen werden die lokalen Aussagen zum Wärmehaushalt in globale Bilanzgleichungen in einen Bereich V mit der Oberfläche A transformiert. Die globale Wärmehaushaltsgleichung Gl.(2) lautet auf Strukturebene unter Verwendung entsprechender Variationsformulierungen (virtuelles Temperaturfeld δT) und unter Beachtung der Übergangsrandbedingungen Gl. (6).

$$\int_V \delta T\left[\rho c\dot{T} - \underline{D}^T[\lambda_T]\ (\underline{D}T) - \dot{q}\right]dV + \int_A \delta T\left[D_n^T\,[\lambda_T](\underline{D}T) + \alpha(T - T_\infty)\right]dA = 0 \tag{8}$$

Der Vektor $\underline{D}_n$ enthält die Richtungskosinus der Normalen $\underline{n}$ in einem Punkt der Oberfläche, an der entweder ein vorgegebener Wärmestrom $\dot{q}_n(\underline{x},t)$ oder ein Wärmeübergang $\dot{q}_\alpha(\underline{x}, t)$ stattfindet.

Elementanalyse

Der betrachtete Bereich V wird in einzelne Bausteine, d. h. finite Elemente mit dem Elementvolumen V_e und der Elementoberfläche A_e eingeteilt.
Im Element wird das Temperaturfeld mit Polynom-Ansätzen angenähert, die mit Interpolationsfunktionen in den unbekannten Knotenwerten ausgedrückt werden,

$$T(\underline{x},t) = \underline{\omega}\,\underline{T}_e \, , \qquad\qquad \underline{\omega} = \underline{\omega}(x) \, , \qquad \underline{T}_e = \underline{T}_e(t) \, . \qquad (9)$$

Im (m x 1) Vektor $\underline{T}_e$ werden die an m Elementknoten vorliegenden Temperaturen zusammengefaßt. Der Vektor $\underline{\omega}$ (1 x m) enthält das räumliche Interpolationsschema, das die Temperaturrandbedingungen streng erfüllt.

Das Einsetzen der Gleichung (9) in die globale Wärmebilanzgleichung (8) liefert auf Elementebene eine diskrete Wärmebilanzgleichung in den unbekannten Knotentemperaturen $\underline{T}_e$ bzw. deren zeitlichen Ableitungen $\dot{\underline{T}}_e$.

In Matrizenschreibweise lautet dann die Gleichung:

$$[c_e]\,\dot{\underline{T}}_e + [k_e]\,\underline{T}_e = \dot{\underline{q}}_e \qquad (10)$$

Hierin ist

$$[c_e] = \int\limits_{V_e} \rho c\,\underline{\omega}^T\,\underline{\omega}\;dV \qquad (11)$$

die Kapazitätsmatrix und

$$[k_e] = \int\limits_{V_e} (\underline{D}\,\underline{\omega})^T[\lambda_T](\underline{D}\,\underline{\omega})\,dV - \int\limits_{V_e} \dot{q}_1\,\underline{\omega}^T\,\underline{\omega}\;dV + \int\limits_{A_e} \alpha\,\underline{\omega}^T\,\underline{\omega}\;dA \qquad (12)$$

die Konduktivitätsmatrix (m x m), sowie

$$\dot{\underline{q}}_e = \int\limits_{V_e} \underline{\omega}^T\,\dot{q}_o\,dV + \int\limits_{A_e} \underline{\omega}^T\,\alpha\,T_\infty\;dA \qquad (13)$$

der Vektor der Wärmestromdichten.

<u>Gesamtstrukturanalyse</u>

Der Zusammenbau der einzelnen Elemente zur Gesamtstruktur erfolgt über
die Boolesche Zuordnungsmatrix $[a]$, die nur aus den Elementen 0 und 1
besteht.

Der Wärmehaushalt für die Gesamtstruktur lautet

$$[C]\,\underline{\dot{T}} + [K]\,\underline{T} = \underline{\Phi} \equiv \underline{\dot{Q}} \tag{14}$$

wobei

$$[C] = \sum_e [a]^T [c_e][a] \tag{15}$$

die Kapazitätsmatrix

$$[K] = \sum_e [a]^T [k_e][a] \tag{16}$$

und

$$\underline{\Phi} = \sum_e [a]^T \underline{\dot{q}}_e + \underline{P} \tag{17}$$

den Vektor der treibenden Kräfte beschreiben. Der Vektor $\underline{P}$ bezeichnet
eventuelle Wärmequellen und -senken.

In dieser Untersuchung werden ausschließlich Berechnungen bei stationärer, d. h. zeitunabhängiger Temperaturverteilung $\underline{\dot{T}} = 0$ durchgeführt.
Damit vereinfacht sich Gleichung (14) durch den Wegfall des Speicher-
terms zu

$$\underline{\Phi} = [K]\,\underline{T} \tag{18}$$

Die Lösung des linearen Gleichungssystems ergibt die Knotenpunktstempera-
turen. Mit Hilfe des Längenausdehnungskoeffizienten kann die temperaturbedingte Elementdehnung η_T auf Elementebene berechnet werden.
Diese Elementdehnungen werden dann als sogenannte Anfangsdehnungen in
Gleichung (27) berücksichtigt.

3.1.2   Elastostatik

Die Verschiebungsmethode hat sich aufgrund ihrer einfacheren programm-
technischen Realisierung gegenüber der Kraftmethode durchgesetzt. Daher
wird nachstehend die mathematische Formulierung der Verschiebungsmethode
kurz umrissen. Bei dieser Methode sind die geometrischen Verträglichkeits-
bedingungen für die elastischen Formänderungen überall in der idealisierten
Gesamtstruktur erfüllt ("kinematische Verträglichkeit").

Die nachstehende Darstellung folgt im wesentlichen den Herleitungen
in [29, 37]. Sämtliche Überlegungen gehen von dem physikalischen Verhalten
elastisch deformierbarer Tragwerke aus. Für den dreidimensionalen Span-
nungs- und Verschiebungszustand müssen drei Grundgesetze erfüllt sein:

1)   Statische Verträglichkeit der Kräfte: Die angreifenden äußeren
      Kräfte und die inneren Kräfte müssen miteinander im Gleichge-
      wicht sein. Unter Vernachlässigung der Volumenkräfte lautet
      diese Beziehung für den dreidimensionalen Fall in Matrizen-
      schreibweise:

$$[D]^T \underline{\sigma} = 0 \qquad\qquad (19)$$

      Hierin beschreibt [D] eine (3 x 6)-Matrix von Diffentialopera-
      toren. Der Spaltvektor $\underline{\sigma}$ beschreibt die an einem infinitesi-
      mal kleinen Volumenelement angreifenden Spannungen.

2)   Kinematische Verträglichkeit der Verschiebungen und Dehnungen:
      Es wird gefordert, daß zwei benachbarte Elementberandungen
      weder auseinanderklaffen noch sich überschneiden. An kinema-
      tisch vorgegebenen Randpunkten müssen die Verschiebungen
      den Randbedingungen entsprechen. Der Zusammenhang zwischen
      Verschiebungen und Dehnungen wird beschrieben durch:

$$\underline{\varepsilon} = [D] \underline{u} \qquad\qquad (20)$$

      Der (6 x1) Spaltenvektor $\underline{\varepsilon}$ beschreibt die Dehnungen und der
      (3 x 1) Spaltenvektor $\underline{u}$ die Verschiebungen.

3)   Stoffgesetz: das Hookesche Gesetz beschreibt das linear-

elastische Werkstoffverhalten; die Spannungen sind den
Dehnungen proportional:

$$\underline{\sigma} = [E] \cdot \underline{\varepsilon} \qquad (21)$$

Hierin ist $[E]$ eine symmetrische (6×6)-Matrix, die die
Werkstoffkennwerte des Elementes (E-Modul, μ-Poissonzahl)
enthält.

Unter Verwendung des Prinzips der virtuellen Arbeit wird eine Integral-
gleichung als Variationsaufgabe formuliert. Beim Prinzip der virtuellen
Arbeit wird gefordert [29]:

$$\delta W_a = \delta W_i \qquad (22)$$

Für kleine Verschiebungen, Dehnungen und Verdrehungen gilt unter Vernachlässigung von Massenkräften:

$$\delta W_a = \sum_{i=1}^{n} \underline{P}_{E,i}^{T} \cdot \delta \underline{u}_i + \int_{A} \underline{P}_{A}^{T} \cdot \delta \underline{u} \cdot dA \qquad (23)$$

$\underline{P}_E$: Einzelkraft; $\underline{P}_A$: Oberflächenlast; $\delta \underline{u}$: virtuelle Verschiebung

und

$$\delta W_i = \int_{V} \underline{\sigma}^{T} \cdot \delta \underline{\varepsilon} \cdot dV \qquad\qquad \delta \underline{\varepsilon} : \text{virtuelle Dehnungen} \quad (24)$$

Für die Erfassung von Anfangslasten $\underline{J}$ müssen die Anfangsspannungen $\underline{\tau}$
und Anfangsdehnungen $\underline{\eta}$ berücksichtigt werden. Unter Anfangsspannungen $\underline{\tau}$
werden Spannungen in einem Bauteil verstanden, die nicht mit Dehnungen
verbunden sind. Mit Anfangsdehnungen sind Dehnungen gemeint, die ohne
Spannungen vorhanden sind. Die Gesamtspannungen $\underline{\sigma}_g$ ergeben sich dann
aus der Summe [17] :

$$\underline{\sigma}_g = \underline{\sigma} + \underline{\tau} \qquad (25)$$

Die erweiterte Beziehung für die virtuelle Arbeit δW_i lautet:

$$\delta W_i = \int_{V} \underline{\sigma}^{T} \cdot d\underline{\varepsilon} \cdot dV + \int_{V} \underline{\tau}^{T} \cdot d\underline{\varepsilon} \cdot dV \qquad (26)$$

Die Gesamtdehnungen $\underline{\varepsilon}_g$ ergeben sich zu

$$\underline{\varepsilon}_g = \underline{\varepsilon} + \underline{\eta} \quad (27) \qquad \text{wobei gilt} \quad \underline{\tau} = -[E] \cdot \underline{\eta} \qquad (28)$$

Eine temperaturbedingte Elementdehnung wird im Berechnungsteil der Elastostatik als sogenannte Anfangsdehnung $\underline{\eta}$ berücksichtigt.

Elementanalyse

Der Verschiebungszustand an den Knotenpunkten eines Elementes wird wie folgt beschrieben:

$$u_{(x,y,z)} = [\omega]\underline{p}_e \qquad (29)$$

Hierbei enthält die Matrix $[\omega]$ die Ansatzfunktionen für die Verschiebungen im Element (häufig Polynomansatz 2. Grades). Der Vektor der entsprechenden Elementknotenpunktverschiebungen wird mit $\underline{p}_e$ bezeichnet.

Durch Einsetzen der Gleichungen (20), (23) und (29) in (26) ergibt sich für die innere virtuelle Arbeit

$$\delta W_i = \delta\underline{p}_e^T \int_V ([D]\cdot[\omega])^T \cdot [E] \, ([D]\cdot[\omega]) \cdot dV \cdot \underline{p}_e \qquad (30)$$

oder

$$\delta W_i = \delta\underline{p}_e^T [k_e] \cdot \underline{p}_e \qquad (31)$$

$[k_e]$ wird allgemein als Elementsteifigkeitsmatrix bezeichnet.

Üblicherweise bleiben auf Elementebene Strecken-, Flächen- und Volumenlasten unberücksichtigt; so ergibt sich für die äußere virtuelle Arbeit an einem Element nach Gleichung (23) unter Verwendung von (29)

$$\delta W_a = \underline{P}_E^T \delta\underline{u} = \underline{P}_E^T [\omega] \, \delta\underline{p}_e = \underline{P}_e^T \cdot \delta\underline{p}_e = \delta\underline{p}_e^T \cdot \underline{P}_e \qquad (32)$$

$\underline{P}_e$ wird als Vektor der an den Elementknotenpunkten angreifenden generalisierten Kräfte und Momente bezeichnet.

Unter Verwendung des Prinzips der virtuellen Arbeit, Gl. (22), können die Knotenkräfte am Element durch Gleichsetzen der Gleichungen (31) und (32) wie folgt formuliert werden.

$$\underline{P}_e = [k_e] \cdot \underline{p}_e \tag{33}$$

Werden die Anfangslasten $\underline{J}$ mitberücksichtigt, so lautet diese Gleichung in erweiterter Form

$$\underline{P}_e = [k_e] \cdot \underline{p}_e + \underline{J} \tag{34}$$

Gesamtstrukturanalyse

Jedes Element in der betrachteten Struktur erfüllt Gl. (30). Sämtliche Elemente der Struktur werden zusammengefaßt zu

$$\underline{P} = [k] \, \underline{p} \tag{35}$$

Hierin ist $\underline{P}$ ein Spaltenvektor aller Elementkräfte und $[k]$ eine diagonale Hypermatrix der Steifigkeiten aller Elemente. $\underline{p}$ ist ein Spaltenvektor aller Elementknotenpunktsverschiebungen. Ein analoger Last-Verschiebungs-zusammenhang wie Gl. (35), besteht auch für die Gesamtstruktur unter Berücksichtigung der äußeren Last $\underline{R}$ und der Bauteilkonturverschiebung $\underline{r}$

$$\underline{R} = [K] \, \underline{r} \tag{36}$$

Bei zusätzlicher Berücksichtigung der Anfangslasten ergibt sich

$$\underline{R} = [K] \cdot \underline{r} + [a]^T \cdot \underline{J} \tag{37}$$

$\underline{R}$ ist der Vektor der auf die Struktur wirkenden äußeren Kräfte, $[K]$ die Steifigkeitsmatrix der Gesamtstruktur, und $\underline{r}$ der Vektor der äußeren Konturverschiebungen. Die äußere Kraft $\underline{R}$ erzeugt an den Elementknotenpunkten der Gesamtstruktur die Konturverschiebungen, die mit den jeweiligen Elementverschiebungen $\underline{p}$ am selben Knotenpunkt identisch sind. Die zwischen $\underline{p}$ und $\underline{r}$ bestehende Zuordnung wird durch die Boole'sche Zuordnungsmatrix $[a]$ hergestellt.

$$\underline{p} = [a] \, \underline{r} \tag{38}$$

Unter Gleichsetzung der Beziehungen (35) und (36) und unter Verwendung von Gleichung (37) ergibt sich

$$\underline{r}^T \underline{R} = \underline{r}^T \cdot [a]^T \cdot \underline{P} \tag{39}$$

bzw.

$$\underline{R} = [a]^T [k] \underline{p} = ([a]^T \cdot [k] [a]) \cdot \underline{r} = [K] \cdot \underline{r} \tag{40}$$

$[K] = [a]^T [k][a]$ wird als Steifigkeit der Gesamtstruktur bezeichnet; diese Matrix ist stets symmetrisch und hat Bandstruktur. Ist die Gesamtsteifigkeitsmatrix aufgestellt, so können die Verschiebungen $\underline{r}$ der Kontur mit Gleichung (36) bzw. (37),oder die Elementverschiebungen mit Gleichung (38) bzw. die Elementkräfte mit Gleichung (40) berechnet werden.

3.2 Finite-Elemente-Programmsystem SMART

Mit dem Finite-Elemente-Programmsystem SMART können sowohl Temperatur- bzw. Wärmeproblemstellungen (SMART II [38]) als auch statische Problemstellungen (SMART I [39]) berechnet werden. Beide Programmteile SMART I und SMART II sind voll kompatibel. Dies setzt voraus, daß bei beiden Programmteilen die Eingabedaten-Aufbereitung und die Ergebnisaufbereitung identisch sind. Beim sogenannten "Integrierten Lauf" werden diese beiden Programmteile zu einem Programm gekoppelt. Damit können auch Fälle, bei denen eine mechanische Belastung gleichzeitig mit der Temperatureinwirkung auftritt, berechnet werden.

Die topologische Beschreibung der zu berechnenden Struktur muß aufgrund unterschiedlicher Elementbibliotheken für beide Programmteile getrennt erfolgen, in ihrem logischen Aufbau jedoch gleich sein. Die Angabe der Knotenpunktskoordinaten hat nur im zuerst gerechneten Programmteil zu erfolgen, während die Angabe von Rand- bzw. Übergangsbedingungen jeweils getrennt erfolgt.

Im Programmteil SMART II werden spezielle stationäre Wärmeleitprobleme und die damit verbundenen Temperaturverteilungen, aus denen die temperaturbedingten Elementdehnungen ermittelt werden, berechnet. Da im Programmteil SMART II direkt keine Spannungen und Verschiebungen berechnet

werden können, werden die Elementdehnungen als sogenannte Anfangslasten
an den Programmteil SMART I übergeben (s. a. Abschnitt 3.1.2).

Die Gesamtdehnung im statischen Programmteil setzt sich dort nach Gleichung (27) zusammen, wobei die Anfangsdehnung aus Wärmedehnung $\underline{\eta}_T$ und
Dehnung infolge einer Vorspannung $\underline{\eta}_V$ zusammengesetzt ist. Gesamtelement-
bzw. Knotenpunktsspannungen $\underline{\sigma}_g$ werden dann aus der Gesamtdehnung $\underline{\varepsilon}_g$,
Gleichung (27), berechnet, ebenso die Knotenpunktsverschiebungen $\underline{u}$.

Das Finite-Elemente-Programm SMART ist zur Reduzierung des Rechner-
und Kernspeicherplatzes in Overlay-Struktur geschrieben, d. h. das
Programm besteht aus vielen Einzelprogrammen, deren logische Reihenfolge
durch das SPC (SMART programming control)-Steuerprogramm bestimmt wird.
Berechnete Ergebnisse wie z. B. die Werkzeugkonturverschiebungen oder
ggf. Spannungsverläufe werden mit Hilfe eines Plotters graphisch dargestellt.

3.3   Rechenmodelle

3.3.1 Strukturidealisierung

Die Genauigkeit der FE-Berechnungen hängt entscheidend von der richtigen
Wahl des Berechnungsmodelles und der Feinheit der Elementaufteilung des
Rechenmodelles an Orten hoher Spannungs- bzw. Temperaturgradienten ab [15,
40]. Einen wesentlichen Einfluß auf die Ergebnisgenauigkeit hat auch die
richtige Wahl des verwendeten Elementtypes. Das Programmsystem SMART bietet
hier nur wenige Elementtypen an, dafür nahezu alle mit quadratischem Ver-
schiebungsansatz.

Bild 5 zeigt einen Auszug aus der Elementbibliothek SMART I. Notwendiger-
weise sind diese Elementtypen dann auch für die Temperaturrechnung
in SMART II,gekennzeichnet durch den Zusatz "D" (Diffusion: z. B. TRIAXC6D),
vorhanden.

Für die Einteilung eines Schrumpfverbandes, der ein rotationssymmetri-
sches Problem darstellt, eignen sich vorzugsweise die rotationssymmetrischen Elementtypen. Aufgrund ihrer gegebenen Rotationssymmetrie führen
sie das vorhandene räumliche Rechenproblem der r- ϑ - z Ebene auf ein

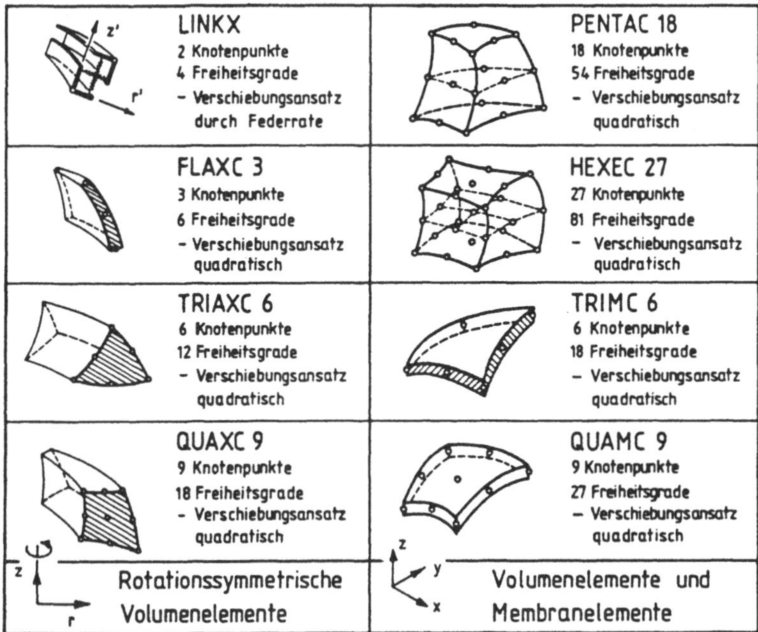

Bild 5:   Auszug aus der Elementbibliothek SMART I [32] .

ebenes Rechenproblem der r-z Ebene zurück. Damit erfolgt gegenüber des räumlichen Rechenproblems eine wesentliche Verringerung des Idealisierungsaufwandes. In der vorliegenden Arbeit wurden sämtliche untersuchten armierten Matrizen mit den rotationssymmetrischen Dreieckselementen TRIAXC 6 (Triangulaise, Axial, Curved, 6 Knotenpunkte) idealisiert. Die Oberfläche der Schrumpfverbände wurde wegen der einfacheren Handhabung von Randbedingungen und Belastungen mit den Flächenelementen FLAXC 3 belegt.

Bild 6 zeigt die Idealisierung einfach- und zweifach armierter Matrizen mit zylindrischer Bohrung. Für die Durchmesservariation wurden lediglich die radialen Werte der Knotenpunktskoordinaten geändert. Die Anzahl der Elemente blieb daher für alle Berechnungen gleich. Im Bereich der Belastung der Matrizenbohrungswand wurde eine feinere Elementaufteilung vorgenommen. Bild 7 zeigt die Elementeinteilung einer zweifach armierten abgesetzten Matrize. Verschiedene Schulteröffnungswinkel wurden durch Einsetzen entsprechender Unterstrukturen realisiert. Auch hier blieb

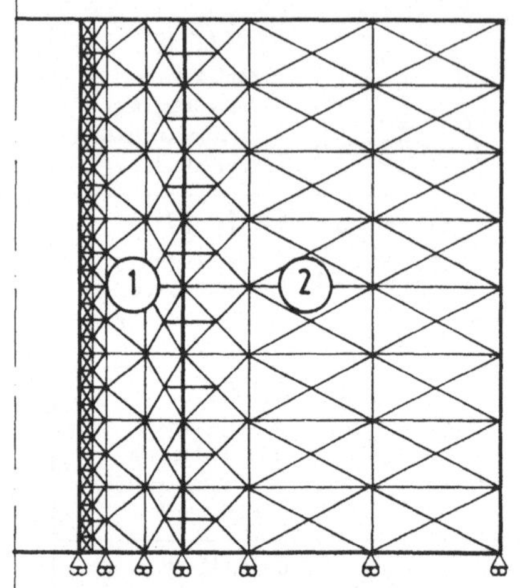

Unterstruktur	①	②
Elemente	272	104
Knotenpunkte	649	247
Freiheitsgrade	1224	440

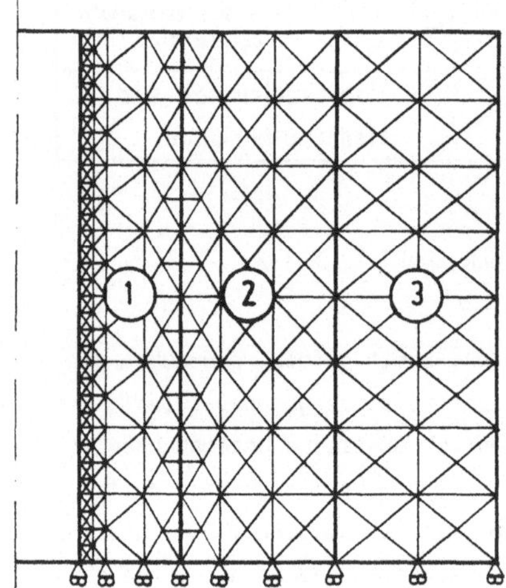

Unterstruktur	①	②	③
Elemente	272	104	96
Knotenpunkte	649	247	247
Freiheitsgrade	1224	440	440

Bild 6: Finite-Elemente Rechenmodelle für Werkzeuge mit zylindrischer
Bohrung.

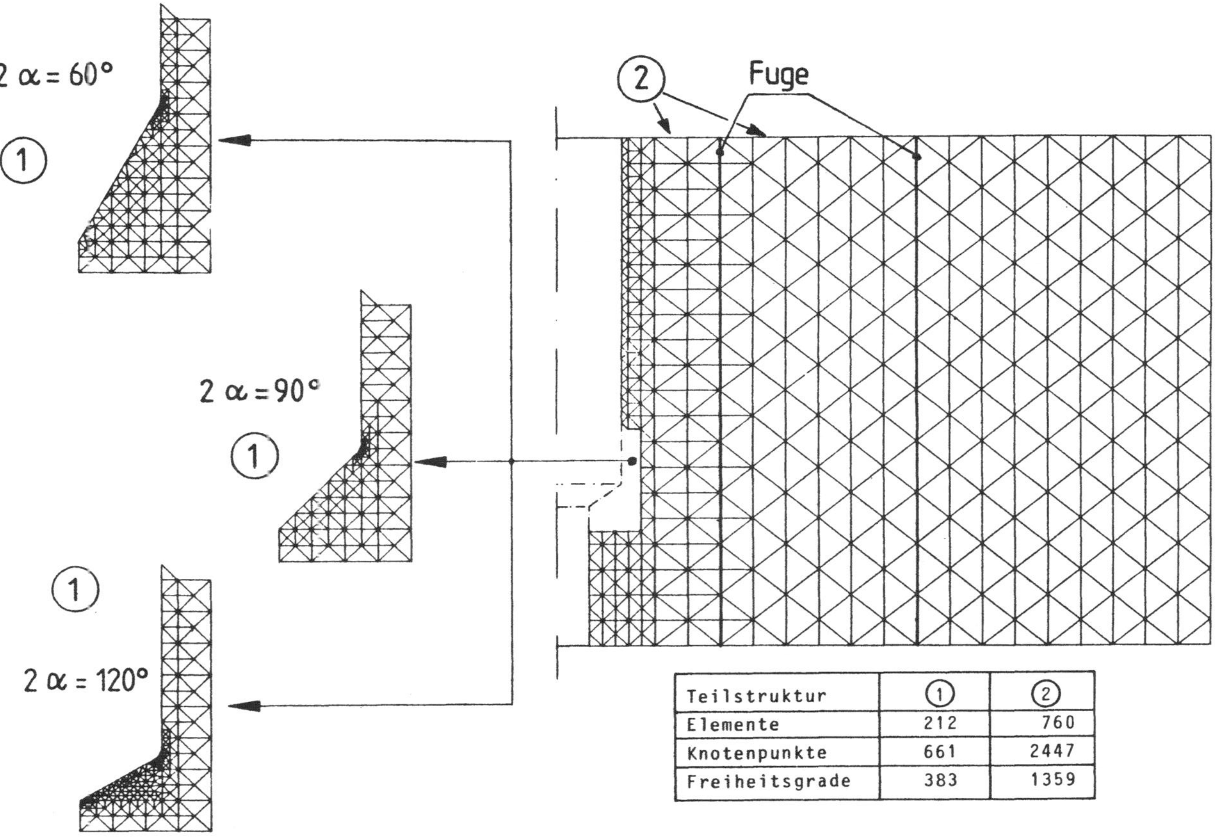

Teilstruktur	①	②
Elemente	212	760
Knotenpunkte	661	2447
Freiheitsgrade	383	1359

Bild 7: Finite-Elemente Rechenmodell für Werkzeuge mit abgesetzter Bohrung.

für sämtliche geometrischen Variationen die Elementanzahl gleich. Es wurden lediglich die Knotenpunktskoordinaten variiert. Durch starres Verbinden in einer gewählten Fuge konnten aus zweifach armierten Matrizen leicht einfach armierte Matrizen erzeugt werden.

Genauigkeit der FEM-Rechenergebnisse

Die Rechenmodelle von Schrumpfverbänden unterschiedlicher Durchmesser wurden aus einem Basis-Rechenmodell durch Veränderung der Knotenpunktskoordinaten, bei gleichbleibender Elementanzahl, erzeugt.

Diese Vorgehensweise ist nur dann möglich, wenn die damit verbundene Änderung der Elementgröße die Genauigkeit des Finite-Elemente-Rechenergebnisses nur unwesentlich beeinflußt. Durch Gegenüberstellung der Ergebnisse aus der Finite-Elemente-Rechnung mit den Ergebnissen aus der analytischen Gleichung von Lamé (Gl. 41) wurde die Genauigkeit der Finite-Elemente-Rechnung überprüft.

Die analytische Gleichung (41) kann als Belastung nur einen hydraulischen Innendruck, der über die gesamte Matrizenbohrung wirkt, berücksichtigen. Für die Vergleichsrechnung wurden daher die Finite-Element-Rechenmodelle ebenfalls über die gesamte Matrizenbohrung mit einem Innendruck belastet. Als Innendruckbelastung wurde p_i = 2000 N/mm² gewählt. Die Vergleichsrechnungen wurden für Schrumpfverbandverhältnisse 0,1 $\leqslant$ Q = d/D $\leqslant$ 0,5 durchgeführt, Tabelle 1. Der größte relative Fehler f_{rel} = 0,35 % stellt sich bei

Schrumpfverband-Verhältnis $Q = d/D$ —	Innendurchmesseränderung der Matrize unter Last Δd		relativer Fehler $f_{rel} = \dfrac{d_{an} - d_{FE}}{d_{an}} \cdot 100\%$
	analytisch n. Gl.(41) Δd_{an}	Finite-Elemente Rechnung Δd_{FE}	
0,1	0,2515 mm	0,2506 mm	0,35 %
0,2	0,2635	0,2632	0,11
0,3	0,2853	0,2852	0,04
0,4	0,3202	0,3202	0
0,5	0,3746	0,3746	0
p_i = 2000 N/mm² E = 210 000 N/mm² h_B/H = 1,0			

Tabelle 1: Gegenüberstellung der mit analytischen Gleichungen und FE berechneten Bohrungsaufweitung der Matrize.

Schrumpfverbänden mit großen Abmessungen ein, Q =0,1. Durch die Modifika-
tion der Knotenpunktskoordinaten besteht hier das Rechenmodell aus relativ großflächigen finiten Elementen. Da kleinere Schrumpfverbandabmessungen mit kleineren finiten Elementen idealisiert sind, geht hier der rel.
Fehler gegen Null.

3.3.2   Belastungen und Randbedingungen

3.3.2.1   Temperaturrechnung

Der Umformvorgang bewirkt eine Temperaturerhöhung des Werkstückes und
der Matrize. Die Temperaturzunahme der Matrize hängt in hohem Maße
vom vorliegenden Temperaturgefälle Werkstück/Matrize sowie von Wärmeübergang, Taktzeit und Druckberührzeit ab.

Bei der Herstellung einer Vielzahl von Werkstücken stellt sich im Werkzeug ein stationäres Temperaturfeld ein, dem instationäre Temperaturschwankungen überlagert sind [25, 28] . Auch Weiergräber [41] stellt bei
seinen Untersuchungen einen solchen stationären Temperaturzustand in
der Matrize fest. Beim Napf-Rückwärts-Fließpressen von Stahl
wurden am ausgeworfenen Napf Temperaturzunahmen von $\Delta T \approx 190$ K gemessen.
Direkt an der Matrizenbohrung stellte Behr [23] sehr kurzzeitige
Temperaturzunahmen von bis zu $\Delta T \approx 500$ K fest. Diese hohe Oberflächentem-
peratur entsteht durch Reibung in der Wirkfuge. Steck berechnete mit
der Methode der "oberen Schranke" die Reibarbeit für das Napf-Rückwärts-
Fließpressen, welche einen nicht unwesentlichen Anteil an der gesamten
Preßkraft hat.

Beim Voll-Vorwärts-Fließpressen ermittelte er Temperaturerhöhungen
zwischen $\Delta T = 220$ K und 280 K, was in Näherung auch mit den Berechnungen
von Altan [22] übereinstimmt.

Vorgangsbedingte kurzzeitige Temperaturschwankungen führen an den Ober-
flächenelementen der Matrize allerhöchstens zu kurzzeitigen Dehnungen
und damit zu Spannungsspitzen. Praktisch tragen sie jedoch nicht zur
Verschiebung der Matrizenkontur bei.

Beim Hohl-Vorwärts-Fließpressen und Abstreckgleitziehen hat Leykamm [28]
in der Matrize stationäre Temperaturen von 100 °C bis 130 °C gemessen.
Unter der Annahme adiabater Umformung errechnen sich für die Kaltumformung
von Stahlwerkstoffen Temperaturerhöhungen im Werkstück von bis zu 250 K.
Daher wird davon ausgegangen, daß bei einer stationären Temperaturverteilung in der Matrize die maximalen Temperaturen an der Matrizenbohrungs-

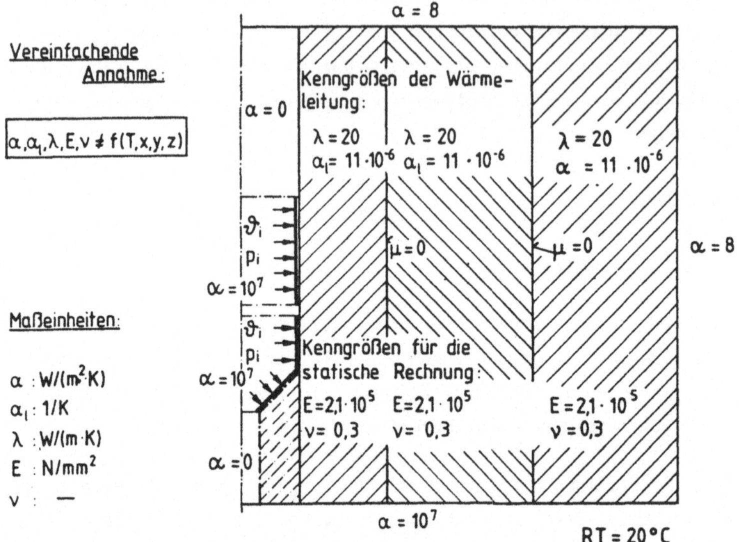

Bild 8: Am Rechenmodell getroffene Annahmen und Randbedingungen.

wand ϑ_i < 250 °C + RT = 270 °C nicht übersteigen. Deshalb wurde das Aufweitverhalten der armierten Matrizen innerhalb des Temperaturbereiches 20 °C < ϑ_i < 270 °C berechnet. Bild 8 zeigt die angenommenen Randbedingungen sowie die Belastungssimulation an den Rechenmodellen

      - armierte Matrize mit zylindrischer Bohrung

      - armierte Matrize mit abgesetzter Bohrung (Schultermatrize).

Unter Voraussetzung freier Konvektion wurde mit Hilfe ähnlichkeitstheoretischer Gleichungen der Wärmeübergang Werkzeug /Luft zu α = 8 W/(m²K) abgeschätzt.

An der Auflage des Schrumpfverbandes zur Werkzeuggrundplatte hin, sowie an den Fügestellen wurde idealer Wärmeübergang $\alpha \rightarrow \infty$ (10^7 W/(m²K) vorausgesetzt, desgleichen an der Kontaktstelle Werkstück/Matrizenbohrung [42, 43, 44]. Damit wurde der Wärmeübergang als vom Kontaktdruck unabhängig angenommen. Dies ist nach Klafs [42] für Kontaktnormalspannungen $p_n \geq$ 80 N/mm² der Fall, da hier durch plastische Deformation der Oberflächenrauheit ein intensiver metallischer Kontakt entsteht.

In der Matrizenbohrung wird im Bereich des Auswerfers und des Fließpreßstempels Isolierung angenommen, d. h. α = 0 W/(m²K). Dies scheint den realen Sachverhalt gut zu beschreiben, da der Auswerfer an einer bestimm-

ten Oberflächenstelle etwa die gleiche Temperatur hat wie die benachbarte
Stelle der Matrizenbohrung.

Die Wärmeleitfähigkeit λ= 20 W/(mK) und der Längenausdehnungskoeffizient
von α_1 = 11·10^{-6} 1/K sind für übliche Matrizenwerkstoffe wie z. B.
S 6-5-2 oder für Armierungsringwerkstoffe X 40 CrMoV 51 in etwa zutref-
fend [45]. Wegen der verschiedenen Werkstoffkennwerte bei unterschiedlichen Werkzeugwerkstoffen wurden den Berechnungen mittlere Werte zugrunde
gelegt.

Nach den Untersuchungen von Leykamm [28] wird die Maximaltemperatur des
stationären Temperaturfeldes der Matrize kleiner ϑ = 130 °C sein; daher
kann von einer temperaturunabhängigen Elastizitätseigenschaft des Werkzeugwerkstoffes ausgegangen werden [45, 46].

3.3.2.2 Statische Rechnung

Beim Umformvorgang wirken auf die Bohrungswand der Matrize radiale
Kräfte. Diese sind vom jeweiligen Umformverfahren abhängig und
in der Regel eine Funktion des Ortes [40 , 47]. Um allgemeingültige
Aussagen über die Aufweitung von Matrizen unter Last machen zu können,
wird daher die Matrizenbohrung mittels eines hydrostatischen Druckes
p_i belastet. Nach Schulz [9] ist die tatsächliche Radialbelastung der
Matrizenbohrung kleiner als bei hydrostatischer Innendruckbelastung. Beim
Napf-Rückwärts-Fließpressen wird in [48] für den hydrostatischen Innendruck p_i empfohlen:

$$p_i = p_{St}\, \epsilon_A = \frac{F_{St}}{A_0} = \frac{F_u}{A_0} \tag{41}$$

Hierin ist ϵ_A die auf den Ausgangsquerschnitt des Rohteils bezogene
Flächenänderung, F_u die Umformkraft und A_0 die Querschnittsfläche der
Matrizenbohrung. Unter Verwendung des Trescaschen Fließkriteriums

$$k_f = \sigma_z - \sigma_r \tag{42}$$

kann für die Verfahren Voll-Vorwärts-Fließpressen und Setzen

$$p_i = p_{St} - k_{fo} = \frac{F_u}{A_0} = k_{fo} \tag{43}$$

angegeben werden, wobei k_{fo} die Anfangsfließspannung des Werkstückwerkstoffes ist.

Zur Simulation der Matrizenvorspannung wurden alle Knotenpunkte des Armierungsringes (bzw. Armierungsringe) gemäß Gl. (28) mit einer nach innen gerichteten Anfangsdehnung $- \eta$ versehen. Die aufgebrachte negative Anfangsdehnung hat die Größe des relativen Haftmaßes $\xi = 2z/d_1$, wobei z das Übermaß von Außen- und Innenring vor dem Fügen beschreibt und d_1 den nach dem Fügen sich einstellenden Fugendurchmesser. Unter Verwendung der Verträglichkeitsbedingung[14]

$$d\varepsilon_t = (\varepsilon_r - \varepsilon_t)\frac{dr}{r} \tag{44}$$

gilt für sehr kleine Dehnungen $d\varepsilon_t \approx 0$:

$$\varepsilon_r = \varepsilon_t \tag{45}$$

Da die Anfangsdehnungen $-\eta$ gleich dem relativen Haftmaß ξ sind, gilt: $-\eta = \eta_r = -\eta_t = -\varepsilon_r = -\varepsilon_t = \xi$. Die Matrize bleibt in axialer Richtung ohne Vorspannung, weshalb $\eta_z = \varepsilon_z = 0$ ist. In den Fügestellen z. B. Matrize/Armierung, wird Reibungsfreiheit $\mu = 0$ angenommen, Bild 8 . Damit ist eine axiale Verschieblichkeit von Matrize und Armierung gewährleistet. Krämer [15] variierte in seiner Untersuchung die Reibzahl zwischen $\mu = 0...0,5$ und stellte fest, daß sie aus geometrischen Überlegungen nicht größer als $\mu = 0,16$ sein kann. Ferner erwies sich der Einfluß der Fugenreibung auf die radiale Aufweitung der Matrizenbohrung unter Last als vernachlässigbar (s.a. Kap. 4.1.8).

Die Art der statischen Lagerung des Rechenmodells bleibt auf die radiale Verformung der Matrizeninnenkontur bei aufgebrachter hydrostatischer Belastung ohne nennenswerten Einfluß[15]. Die axiale Verschieblichkeit an der unteren Werkzeugbegrenzung wurde in den Rechenmodellen entlang ihrer unteren Berandung daher an jedem zweiten Knoten unterdrückt.

Bei den Berechnungen blieben die Elastizitätseigenschaften der Werkzeugwerkstoffe konstant ($E = 210\ 000\ N/mm^2$, $\nu = 0,3$).

4   <u>Einfluß verschiedener Auslegungsparameter auf die Aufweitung</u>
             <u>armierter Fließpreßmatrizen mit zylindrischer Bohrung</u>

Vorgespannte Fließpreßmatrizen mit zylindrischer Bohrung werden großteils
für die Umformverfahren Setzen, Napf-Rückwärts-Fließpressen, Napf-Vor-
wärts-Fließpressen bzw. Verfahrenskombinationen eingesetzt. Präzise
Angaben für die Werkzeuggestaltung finden sich in der VDI-Richtlinie
3186 [5] bzw. in dem ICFG Data Sheet 6/72 [49]. Diese Richtlinien geben vor-
wiegend Auskunft über konstruktive Werkzeuggestaltung hinsichtlich Werkzeugfestigkeit, behandeln indess die Frage der Werkzeugsteifigkeit
und damit der elastischen Werkzeugauffederung nur am Rande.

Im folgenden Teil der Arbeit werden die grundlegenden Werkzeug- und Bela-
stungskenngrößen, welche die radiale Werkzeugauffederung und damit
die Genauigkeit des Preßteils beeinflussen, untersucht. So werden neben
den Einflüssen geometrischer Größen, wie Außendurchmesser und Aufteilung
des Schrumpfverbandes auch die Einflüsse von Belastungsgrößen, wie
Höhe, Größe des Belastungsbereiches und Lage des Belastungsbereiches
behandelt. Daneben wird auch die Frage nach dem Einfluß der Höhe der
Vorspannung auf die elastische Aufweitung der Matrize geklärt. Bei
den Umformverfahren Napf-Rückwärts-Fließpressen und Setzen wird die
Matrize im allgemeinen nur im oberen Bereich der Matrizenbohrung belastet;
dagegen beim Hohl-Vorwärts-Fließpressen bzw. bei Verfahrenskombinationen
meist nur im mittleren Bereich der Bohrung (d. h. symmetrisch).

4.1   <u>Maßänderung der Matrizenbohrung unter dem Einfluß mechanischer</u>
            <u>Belastung</u>

Unter mechanischer Belastung sollen alle Belastungen verstanden werden,
die ohne Temperatureinfluß zu Spannungen im Schrumpfverband führen.
Hierzu rechnen beispielsweise die durch das rel. Haftmaß ξ und den
Fügevorgang hervorgerufenen Belastungen ebenso wie die innendruckbedingten.
Belastungen.

4.1.1 Einfluß des relativen Haftmaßes ξ

Aus Gründen der höheren Belastbarkeit werden Fließpreßmatrizen häufig
radial vorgespannt, z. B. durch Aufschrumpfen eines Armierungsrings.
Der Innendurchmesser des Armierungsringes wird daher etwas kleiner gefer-
tigt als der Außendurchmesser der Matrize. Dadurch entsteht ein
Übermaß z, das beim Schrumpfvorgang des Armierungsringes auf die
Matrize eine elastische Dehnung der Matrize und des Armierungsringes
hervorruft. Diese elastische Dehnung bedingt eine hohe negative
Tangentialspannung σ_t am Matrizeninnendurchmesser. Wird das Übermaß z
auf den sich beim Fügen einstellenden Fugendurchmesser d_1 bezogen, so
ergibt dies das rel. Haftmaß $\xi = z/d_1$. Da das rel. Haftmaß eine Dehnung
beschreibt, ist die genannte Tangentialspannung σ_t (Vorspannung) bei
linear-elastischem Werkstoffverhalten auch linear von der Höhe des
relativen Haftmaßes ξ abhängig. Dieser lineare Zusammenhang besteht
jeweils für eine bestimmte geometrische Abmessung von Matrize und
Armierungsring. Setzerscheinungen in der Oberflächenfeinstruktur der
Fügestelle, wie sie Burgholte [50] feststellte, bleiben bei dieser
theoretischen Betrachtungsweise unberücksichtigt.

Derzeit werden beim Fügevorgang von Matrize und Armierungsring rel.
Haftmaße $\xi = 2...6\text{ ‰}$ verwendet. In speziellen Anwendungsfällen können
auch weit höhere rel. Haftmaße realisiert werden, jedoch unter Zulassung
von Plastifizierungen an der Fügestelle, bei Armierung und Matrize[17] .

Infolge des Fügens wirken auf die Matrize Radialkräfte, die eine Verkleinerung der Matrizenbohrung bewirken. Der Betrag dieser Bohrungsverkleinerung ist neben der Höhe des rel. Haftmaßes auch von der Querschnittsfläche der Matrize und damit von deren Radialsteifigkeit abhängig (siehe auch Abschnitt 7.1.1).Bild 9 zeigt die Verschiebung der Matrizenbohrungswand für verschieden hohe relative Haftmaße.
Mit dieser Veränderung des Bohrungsdurchmessers ist eine axiale Längung
der Matrize über die Querkontraktion verbunden. Sowohl die Durchmesserverkleinerung der Matrizenbohrung als auch die axiale Längung der Matrize
hängen proportional vom relativen Haftmaß ab.

Über die gesamte Matrizenhöhe ist die Verkleinerung des Matrizendurch-
messers konstant, mit geringen Abweichungen an der oberen und
unteren Matrizenbegrenzung.

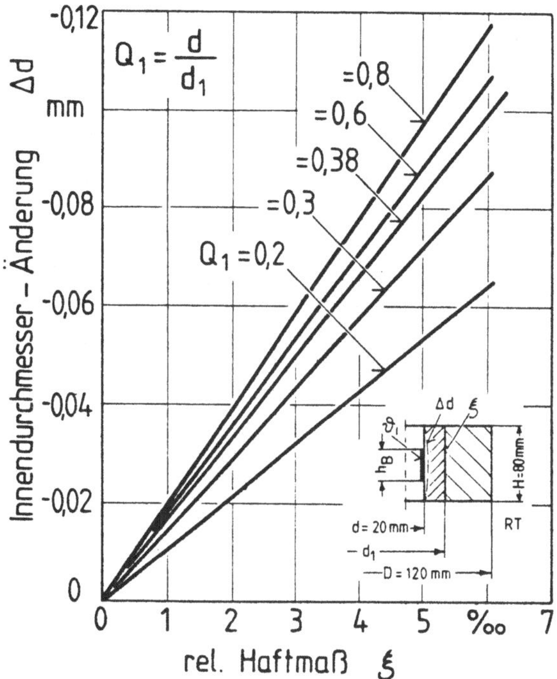

Bild 9: Verkleinerung des Innendurchmessers infolge des Fügevorganges
in Abhängigkeit vom rel. Haftmaß.

In der Praxis wird die Matrizenbohrung nach dem Fügevorgang auf
den gewünschten Durchmesser geschliffen. Wenn die Verkleinerung
der Matrizenbohrung durch den Fügevorgang bekannt ist, kann die
Größe des Aufmaßes zum Schleifen wesentlich reduziert werden.
Wegen des beim Härten auftretenden Verzuges der Matrize und der
Verzunderung kann der Schleifvorgang auf keinen Fall ganz entfallen.

Der Vergleich des Aufweitverhaltens von jeweils innendruckbelasteten,
vorgespannten und nicht vorgespannten Matrizen (Bild 10) zeigt,
daß die Vorspannung auf die innendruckbedingte Aufweitung der Matrizenbohrung keinen Einfluß hat. Durch das Aufbringen einer Vorspannung über
das rel. Haftmaß wird die radiale Steifigkeit des Schrumpfverbandes
nicht verändert. Das Vorspannen bewirkt lediglich eine Veränderung
der Ausgangslage für die Bemessung der innendruckbedingten Verschiebungen.

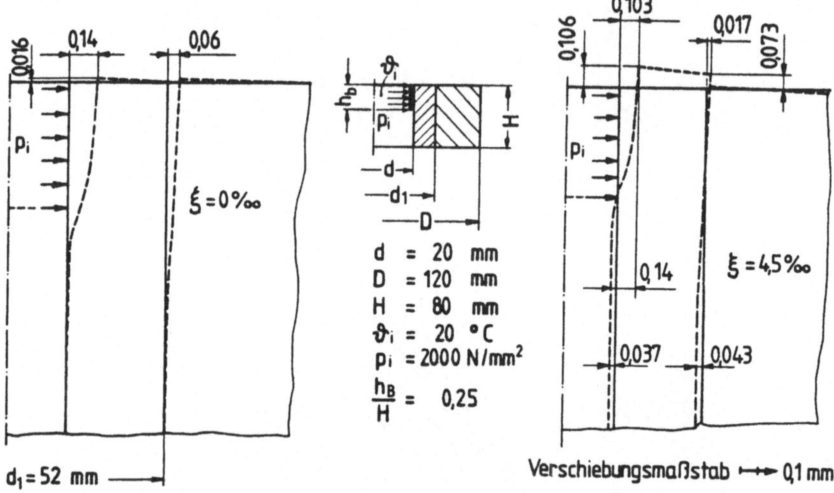

Bild 10: Einfluß des relativen Haftmaßes auf die innendruckbedingte
Bohrungsaufweitung.

Unter dieser Voraussetzung kann die Variation des rel. Haftmaßes bei
den Berechnungen entfallen.

Eine ungeteilte Matrize mit denselben Außenabmessungen wie ein zu ver-
gleichender Schrumpfverband zeigt unter dem Einfluß einer Innendruckbelastung ein geringfügig abweichendes Aufweitverhalten der Matrizenbohrung.
Hier können über den gesamten Schrumpfverband-Radialschnitt, Schubspannungen in axialer Richtung übertragen werden.

4.1.2 Einfluß der Lage einer Längsteilung

Ist eine Matrize mit einem Armierungsring vorgespannt, so ist der
Schrumpfverband einmal längsgeteilt. Bei hoher mechanischer Belastung
der Matrize ist eine hohe Vorspannung erforderlich, welche in der Regel
nur über mehrere Armierungsringe aufgebracht werden kann. Damit liegen
mehrere Längsteilungen des Schrumpfverbandes vor.

Im allgemeinen werden Schrumpfverbände nach den gestellten Festigkeits-
anforderungen dimensioniert. Diese festigkeitsgerechte Auslegung des
Schrumpfverbandes kann bei optimaler Aufteilung mit den Gleichungen von
Adler/Walter [10] durchgeführt werden.

Ist die optimale Lage der Fuge innerhalb des Schrumpfverbandes bekannt, so bleibt zu klären, inwieweit diese Aufteilung auch für die radiale Werkzeugsteifigkeit optimal ist.

Hierzu wird in einem Schrumpfverband mit dem Außendurchmesser $D = 100$ mm und einem Bohrungsdurchmesser der Matrize von $d = 20$ mm die Lage der Fuge zwischen $d_1 = 28,57$ mm und $d_1 = 66,66$ mm variiert. Dies entspricht Schrumpfverbandsverhältnissen $Q_1 = d/d_1$ von $0,3 < Q_1 < 0,7$. Die Matrize wurde über eine relative Belastungshöhe von $h_B/H = 0,25$ mit einem Innendruck von $p_i = 2000$ N/mm² belastet.

Im Bild 11 ist die maximale Aufweitung der Matrizenbohrung für verschiedene Fugenlagen dargestellt. Die max. Aufweitung der Matrizenbohrung Δd_{max} liegt zwischen 0,20 mm und 0,216 mm. Hervorgerufen wird dieser Unterschied von Δd_{max} durch die Überlagerung von Radialverschiebungen und einer sehr kleinen Durchbiegung der Matrize. Letztere ist je nach Wandstärke der Matrize in der Matrize selbst größer (dickwandige Matrize) oder im Armierungsring größer (dünnwandige Matrize). Bei einer bestimmten Aufteilung des Schrumpfverbandes in Matrize und Armierung stellt sich ein Minimum der Bohrungsaufweitung ein. Die Lage der Längsteilung bei diesem Minimum fällt in Näherung mit der Fugenlage eines nach den Festigkeitskriterien optimal geteilten Schrumpfverbandes zusammen.

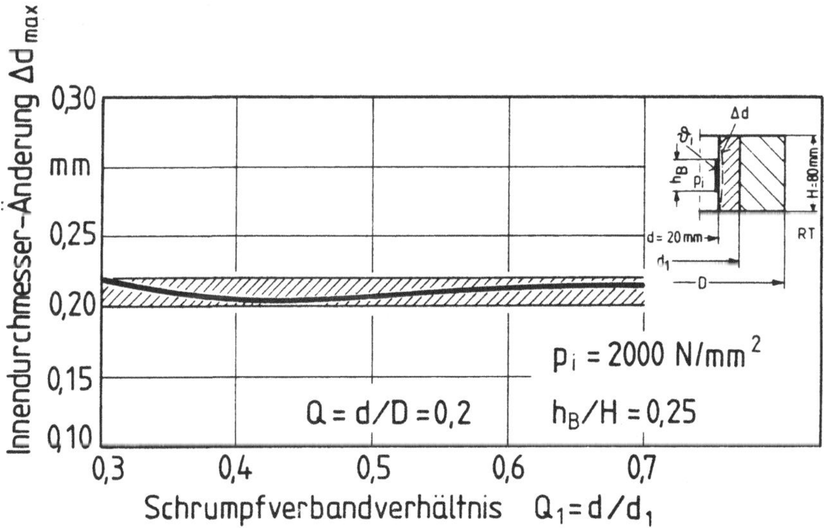

Bild 11: Einfluß der Fugenlage auf die maximale Bohrungsaufweitung.

Insgesamt ergibt sich eine größte relative Abweichung der Bohrungsaufweitung von weniger als 7 %. Da in der Praxis im allgemeinen optimal
aufgeteilte Schrumpfverbände Verwendung finden, ist der minimale Einfluß der Fugenlage auf das Aufweitverhalten der Matrizenbohrung als
vernachlässigbar anzusehen.

4.1.3 Einfluß des Innendruckes p_i

Die Belastung der Matrizenbohrung mit hydrostatischem Innendruck p_i
(im folgenden kurz Innendruck genannt) führt zur Durchmesseraufweitung
im Bereich der Druckaufbringung. Liegt hierbei der Belastungsbereich
symmetrisch zur halben Matrizenhöhe, so baucht sich die Matrizenbohrung symmetrisch aus, Bild 12. Damit ergibt sich in der Mitte des
Belastungsbereiches die maximale Bohrungsaufweitung. Der Verlauf der
Aufweitung ist im Bereich der Belastung stetig und monoton. Am Übergang vom
belastetem Bohrungsbereich zu unbelastetem Bohrungsbereich weist der
Aufweitungsverlauf je einen Wendepunkt auf. Der Bohrungsdurchmesser
nähert sich von hier an asymptotisch dem (unbelasteten) Ausgangs-
Bohrungsdurchmesser.   Der sinusförmige Verlauf der Aufweitung ist
ein Hinweis auf die Stützwirkung der nicht direkt der Belastung ausgesetz-
ten Werkstoffteile [7]. Untermauert wird diese Aussage durch den Verlauf
der Tangentialspannung σ_t (siehe Kap. 6), die außerhalb des Belastungsbereiches erst allmählich auf einen Minimalwert zurückgeht.

Da die Höhe des rel. Haftmaßes und die Lage der Längsteilung auf die
Größe der Aufweitung der Matrizenbohrung nahezu ohne Einfluß sind,
ist deren Variation für die Ermittlung des Last-Verschiebungsverhaltens
von armierten Matrizen nicht erforderlich. Bild 12 zeigt beispielhaft
armierte Matrizen, die jeweils mit einem Innendruck von p_i = 1000 N/mm²
und p_i = 2000 N/mm² über 25 % ihrer Höhe (rel. Belastungshöhe h_B/H = 0,25)
belastet sind. Aufgrund des angenommenen linear-elastischen Werkstoff-
gesetzes ($\underline{\sigma} = \underline{\varepsilon} \cdot E$ für E = konst.) weitet sich die Bohrung der Matrize
bei einem Innendruck von p_i = 2000 N/mm² doppelt soweit auf wie unter
einer Innendruckbelastung von p_i = 1000 N/mm². Die aufgeweitete Matrize
ist im Bild gestrichelt gezeichnet.

Schrumpfverbände mit kleinen Außendurchmessern $Q = d/D > 0,4$ weisen
ein membranartiges Aufweitverhalten auf. Dabei ist der Aufweitungs-

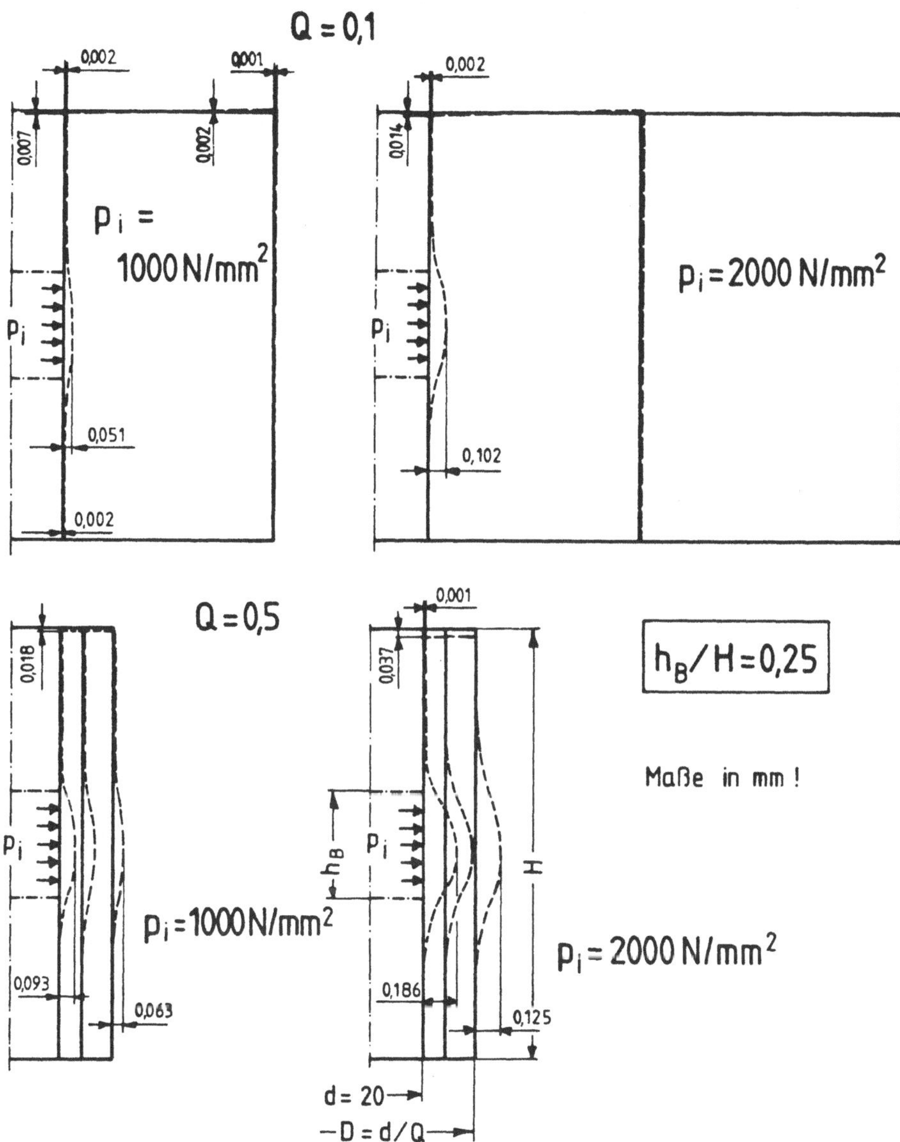

Bild 12: Beispiele für eine Bohrungsaufweitung unter Innendruckbelastung.

verlauf der Matrizenbohrung ähnlich wie der der Fuge bzw. der am Außendurchmesser.

Die Ausbauchung der Matrize bewirkt eine axiale Verkürzung der Matrize,
mit der eine "Kippung" der oberen Matrizenstirnfläche einhergeht. Die Neigung der oberen Matrizenstirnfläche hängt von der Höhe des Innendruckes
p_i und von der Matrizenwanddicke ab. Je höher der Innendruck und je dickwandiger die Matrize, umso größer die Neigung der Matrizenstirnfläche.

Diese Neigung der oberen Matrizenstirnfläche ist auf die Durchbiegung
der Matrize zurückzuführen. An der Matrizenauflage wird die Durchbiegung
durch die streng gewählte Lagerbedingung - keine axiale Verschiebung
wird zugelassen - unterdrückt. Ansonsten würden sich hier dieselben
Verhältnisse wie im oberen Teil der Matrize einstellen.

4.1.4 Einfluß der relativen Belastungshöhe h_B/H

In den meisten praktischen Anwendungsfällen wirkt die Belastung auf
die Matrizenbohrung nur über einen Teil der Matrizenhöhe. Im Großteil
des Schrifttums wird h_B auf den Bohrungsdurchmesser der Matrize bezogen
[15, 17]. Beanspruchungen in Schrumpfverbänden sind unter der Voraussetzung
gleicher geometrischer Verhältnisse vergleichbar. Wegen der Vergleichbarkeit der Spannungsverteilung in axialer Richtung wird hier die Belastungshöhe h_B zweckmäßigerweise auf die Matrizenhöhe H bezogen. Um den Einfluß der rel. Belastungshöhe auf die maximale Aufweitung der Matrizenbohrung zu bestimmen, werden Schrumpfverbände verschiedener Außendurchmesser über verschiedene rel. Belastungshöhen $h_B/H = 0{,}0625$ bis $h_B/H = 1$
mit einem Innendruck von $p_i = 2000$ N/mm² belastet. Der Innendruck
von $p_i = 2000$ N/mm² wurde symmetrisch zur halben Matrizenhöhe aufgebracht.

Bild 13 zeigt beispielhaft die Aufweitung der Matrizenbohrung unter
der Einwirkung eines Innendruckes. Bei allen Belastungsvarianten liegt

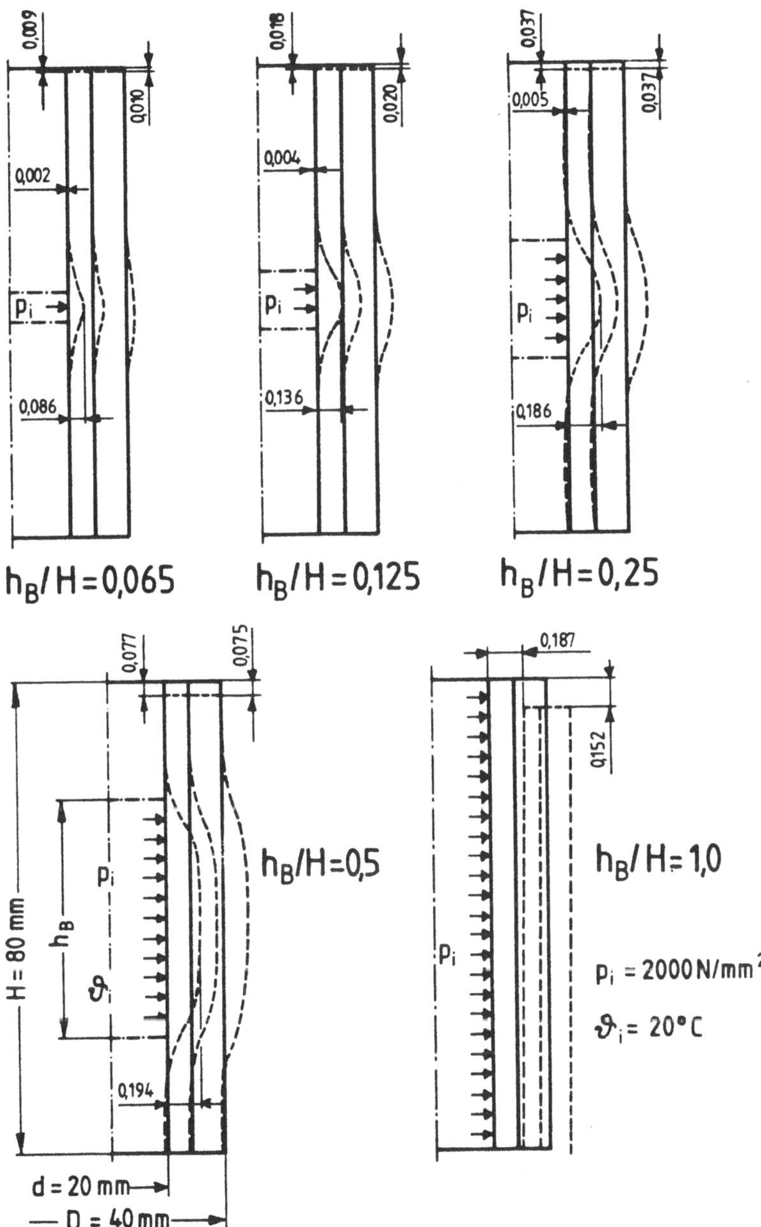

Bild 13: Beispiel einer Werkzeugaufweitung bei unterschiedlicher rel. Belastungshöhe.

die maximale Bohrungsaufweitung Δd_{max} auf halber Matrizenhöhe
(durchgezogene Linie: unbelastete Matrize; gestrichelte Linie: belastete
Matrize). Mit zunehmender rel. Belastungshöhe h_B/H weitet sich die
Matrizenbohrung stärker auf. Dies wird auch in der Fuge sichtbar.
Eine Zunahme der rel. Belastungshöhe geht mit der Erhöhung der auf
die Matrizenbohrung wirkenden Radialkräfte einher ($F_R = d \cdot \pi \cdot h_B \cdot p_i / 2$).
Die Neigung der oberen Matrizenberandung verschwindet bei einer rel.
Belastungshöhe von $h_B/H = 1$. Bei der Belastung der gesamten Matrizenbohrung nimmt die Matrizenhöhe etwas ab. Dies kann mit der Querkontraktion des Matrizenwerkstoffes begründet werden. Die leichte Neigung
der oberen Matrizenberandung ist auf die gewählten Lagerbedingungen
des Rechenmodells zurückzuführen. Hier wurden an der gesamten Matrizen-
auflagefläche die Verschiebungen in axialer Richtung unterdrückt,
was zwangsläufig zu einer kleinen "Biegung" der Matrize führt.

Bild 14 zeigt die max. Aufweitung der Matrizenbohrung Δd_{max} in Abhängigkeit von der rel. Belastungshöhe h_B/H und von der Außenabmessung
des Schrumpfverbandes ($D = d/Q$). Die Aufweitung bei einer rel. Belastungshöhe von $h_B/H = 1$ (d. h. die Matrizenbohrung wird in ihrer gesamten
Höhe belastet) weist nur eine relative Abweichung von ca. 8 % von
den Ergebnissen nach den Gleichungen von Lamé auf [6].

Kleine rel. Belastungshöhen bedeuten kleine Radialkräfte auf das Werkzeug und damit kleine maximale Aufweitungen des Innendurchmessers. Unter
Vernachlässigung des steigenden Kraftbedarfes beim Napf-Rückwärts-
Fließpressen mit fortschreitendem Preßvorgang kann durch Variation
von h_B/H der Verfahrensablauf in Näherung schrittweise simuliert werden.
Je weiter beim Preßvorgang der Fließpreßstempel in das Rohteil eindringt,
umso kleiner wird die verbleibende relative Belastungshöhe h_B/H und
damit die max. Bohrungsaufweitung. Damit nimmt der Napfaußendurchmesser zum Napfboden hin ab [41]. Die rel. Belastungshöhe h_B/H ist daher
eine wichtige Einflußgröße für Zylindrizitätsfehler der Werkstücke [28].

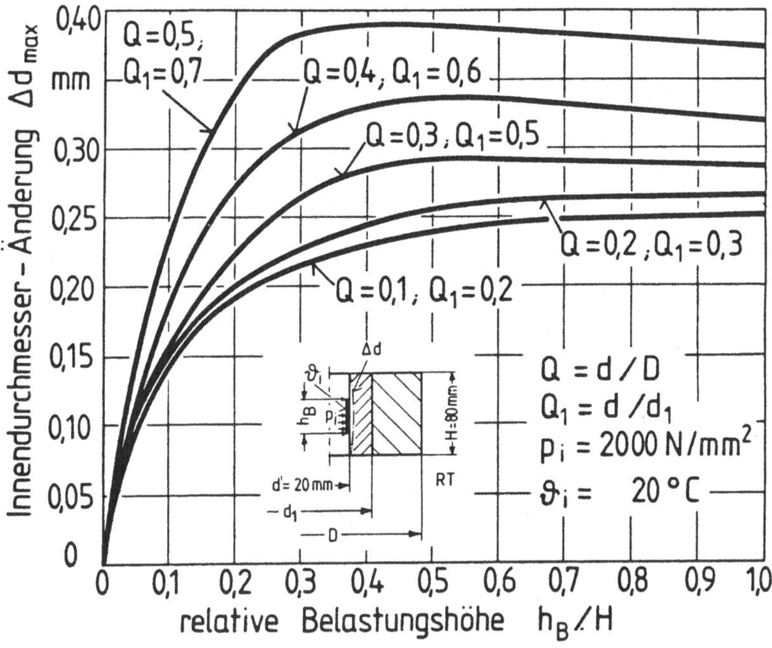

Innendurchmesser–Änderung Δd_{max} mm

relative Belastungshöhe h_B / H

Bild 14: Einfluß der rel. Belastungshöhe auf die maximale Bohrungsaufweitung von Schrumpfverbänden bei mittiger Belastung.

4.1.5 Einfluß des Außendurchmessers D

Durch radiales Vorspannen mit einem oder mehreren Armierungsringen
kann die Belastbarkeit der Matrize erheblich erhöht werden. Für die
festigkeitsoptimale Beanspruchung von Matrize und Armierung stehen
ausführliche Berechnungsgrundlagen zur Verfügung[10] . Einer festigkeits-
optimalen Werkzeugdimensionierung liegt eine bestmögliche Werkstoffnutzung
zugrunde, so daß Schrumpfverbände mit kleinen Außendruchmessern angestrebt werden. Werkzeuge mit kleinen Außendurchmessern haben jedoch eine
kleine Radialsteifigkeit und federn daher unter Last relativ weit
auf. Damit kann unter Umständen die geforderte Werkstücktoleranz nicht
eingehalten werden. Zwischen der Forderung, möglichst effizientem
Einsatz des teuren Werkzeugwerkstoffes und der zu erzielenden Werkstückgenauigkeit besteht also ein Zielkonflikt. Eine entsprechende Vorverzerrung der maßbildenden Matrizenbohrung kann hier zu einer Lösung
beitragen. Allerdings ist die Vorverzerrung streng auf eine bestimmte

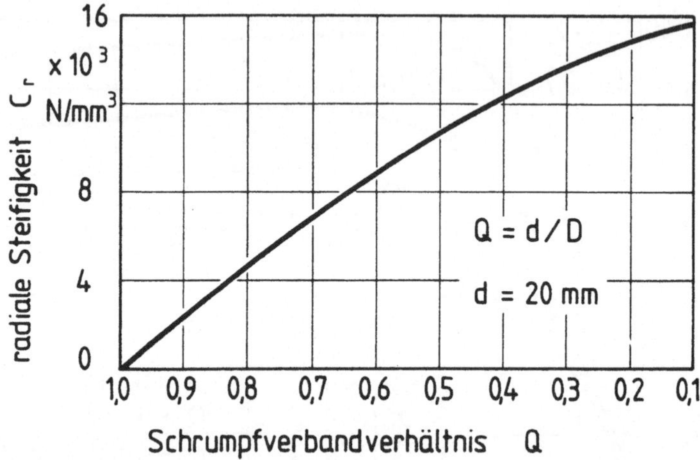

Bild 15: Radiale Werkzeugsteifigkeit in Abhängigkeit vom Schrumpfverbandverhältnis (Außendurchmesser).

Radialbelastung des Werkzeuges und somit auf ein bestimmtes Stadium
des Umformvorganges (h_B/H) bezogen. Schwankungen der Umformkraft,
durch Einflüsse wie z. B. Volumenschwankungen des Rohteils, können
damit nicht berücksichtigt werden. Diese Belastungsschwankungen bewirken Schwankungen der elastischen Bohrungsaufweitung [28] , welche
nur durch ein Werkzeug mit hoher radialer Steifigkeit klein gehalten
werden können.

Basierend auf der Lamé-Theorie (Voraussetzung unendlich langes
Rohr) kann die radiale Gesamtsteifigkeit eines Werkzeuges mit
zylindrischer Bohrung hinreichend genau berechnet werden [4] .

$$c_r = \frac{p_i}{\Delta r} = \frac{E}{r} \; \frac{1}{\frac{1 + Q^2}{1 - Q^2} + v} \tag{46}$$

Für Schrumpfverbände aus Stahl mit einem Elastizitätsmodul von
E = 210 000 N/mm² und einer Querkontraktion v = 0,3 sowie dem Bohrungsdurchmesser d = 20 mm ist der radiale Steifigkeitsverlauf nach Gl.(46)
in Bild 15 dargestellt. Der asympthodische Kurvenverlauf verdeutlicht,
daß die Werkzeugsteifigkeit für Werte Q < 0,1 praktisch nicht mehr
zunimmt. Daher genügt es, die Untersuchung auf Werkzeugaußendurchmesser
D ≤ 200 mm zu beschränken. Tendenziell ähnliche Steifigkeitsverläufe
lassen sich für andere rel. Belastungshöhen zeigen.

Hinsichtlich der Festigkeit optimal ausgelegte Schrumpfverbände mit verschieden großen Außendurchmessern D wurden mit einem Innendruck von p_i = 2000 N/mm² belastet und hierfür die Aufweitung der Matrizenbohrung bestimmt. Die relative Belastungshöhe h_B/H wurde als diskreter Parameter behandelt. Bild 16 zeigt eine Gegenüberstellung belasteter Schrumpfverbände mit unterschiedlichen Außendurchmessern D (unbelasteter Zustand: durchgezogene Linie; belasteter Zustand: gestrichelte Linie). Die rel. Belastungshöhe beträgt einheitlich h_B/H = 0,25. Mit abnehmendem Außendurchmesser D (Q = d/D wird größer), nimmt die maximale Aufweitung der Matrizenbohrung unter gleichbleibender Last zu.
Mit kleiner werdendem Außendurchmesser sinkt die radiale Gesamtsteifigkeit des Schrumpfverbandes.

Bild 16 zeigt für die relativen Belastungshöhen h_B/H = 0,0625 bis 1,0 die maximalen Aufweitungen der Matrizenbohrung bei symmetrischer Innendruckbelastung. Für Werkzeuge mit den Abmessungen Q < 0,2 verlaufen die Kurven relativ flach. Dies ist auf die kleine Steifigkeitsänderung des Werkzeuges bei größeren Außendurchmessern zurückzuführen.

Die Krümmungen der Kurven beschreiben die Steifigkeitsabnahme bei Verkleinerung des Werkzeugaußendurchmessers D = d/Q. Mit zunehmendem Schrumpfverbandverhältnis wird der Einfluß der rel. Belastungshöhe h_B/H auf die Matrizenaufweitung größer. Dies ist durch den größer werdenden Kurvenabstand bei zunehmendem Q belegt.

Für dünnwandige Schrumpfverbände Q > 0,3 ist die max. Bohrungsaufweitung der Matrize bei einer rel. Belastungshöhe h_B/H = 0,5 größer als bei einer rel. Belastungshöhe h_B/H = 1,0.

Die Aufweitung der Matrizenbohrung kann als Überlagerung eines dominanten Radialverschiebungsanteiles mit einem Biegeanteil der Matrize angesehen werden. Dabei ist die Größe des Verschiebungsanteiles infolge "Biegung" von der relativen Belastungshöhe h_B/H abhängig. Bei h_B/H = 1,0 liegt reine Radialverschiebung vor.

4.1.6   Einfluß des Belastungsortes

Beim Napf-Rückwärts-Fließpressen wird die Matrizenbohrung in den meisten Anwendungsfällen ausgehend von der oberen Matrizenstirnfläche belastet.

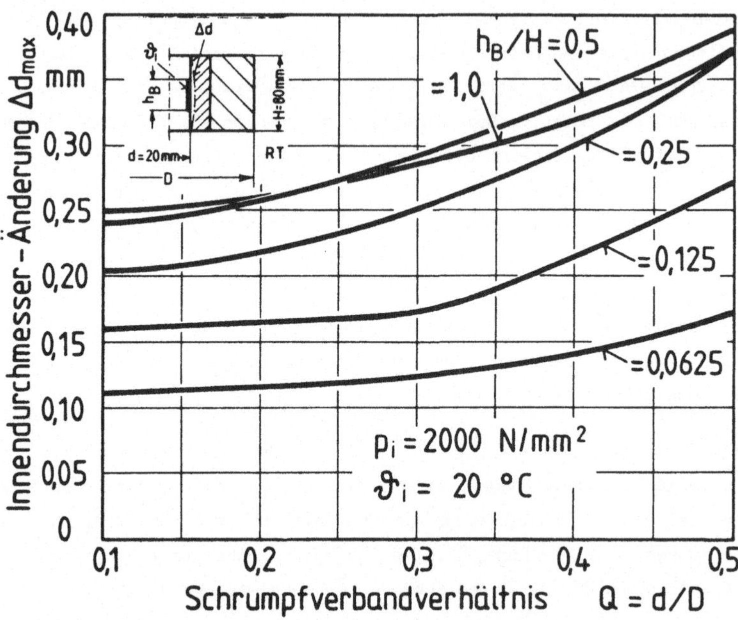

Bild 16: Bohrungsaufweitung der Matrize in Abhängigkeit vom Schrumpfverbandverhältnis.

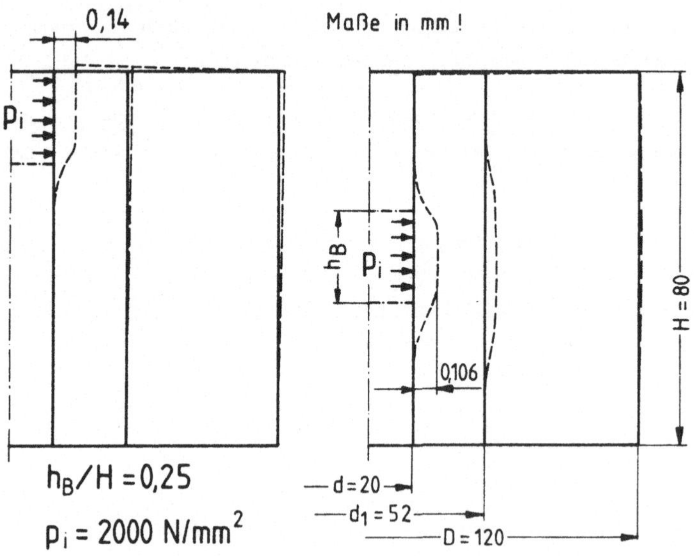

Bild 17: Einfluß der Lage des Belastungsortes auf die maximale Bohrungsaufweitung.

Beim kombinierten Hohl-Vorwärts-Napf-Rückwärts-Fließpressen wird die
Matrizenbohrung symmetrisch zur halben Matrizenhöhe belastet. Im ersten
Belastungsfall wird eine größere maximale Bohrungsaufweitung als
bei symmetrischer Lage der Belastung erwartet.

Bild 17 zeigt am Beispiel einer einfach armierten Matrize eine je nach
Lage des Belastungsbereiches unterschiedliche Aufweitung der Bohrung.
In der Matrizenbohrung wirkt über 25 % der Matrizenhöhe ein Innendruck von p_i = 2000 N/mm². Wirkt dieser Innendruck symmetrisch
zur halben Matrizenhöhe, so ist die maximale Bohrungsaufweitung der
Matrize um ca. 24 % kleiner als bei einer Belastung ausgehend von
der oberen Matrizenstirnfläche. Nach Krämer [15] ist die max. elastische
Durchmesseränderung der Bohrung infolge des Innendruckes weitgehend unabhängig von der Lage des Druckraumes. Er stellte bei den beiden angeführten Belastungsorten, bei einer rel. Belastungshöhe von h_B/h = 0,5,
einen Unterschied in der Bohrungsaufweitung von ca. 7 % fest. Allerdings
untersuchte er nur eine Geometrie und eine relative Belastungshöhe.

Bei den in der vorliegenden Arbeit durchgeführten Untersuchungen zeigte sich,
daß der Einfluß des Belastungsortes auf die Bohrungsaufweitung vom
Außendurchmesser des Werkzeuges und von der rel. Belastungshöhe abhängt.
Bei größeren Belastungsbereichen wird der Unterschied zwischen symmetrischer und asymmetrischer Belastungslage kleiner, um bei h_B/H = 1 zu
verschwinden. Die größere Aufweitung bei asymmetrisch belasteten
Matrizen ist in der niedrigeren wirksamen radialen Werkzeugsteifigkeit
begründet. Da die obere Belastungsgrenze hier mit der oberen Werkzeugberandung zusammenfällt, fehlen benachbarte Werkstoffteilchen, die
einen Beitrag zur Steifigkeit leisten könnten. Zudem ist der Biegeanteil
an der Gesamtverschiebung größer, da auch ein längerer "Hebelarm"
wirksam ist. Damit verhält sich eine derart belastete Matrize bei
sonst gleichen geometrischen Abmessungen weicher als eine symmetrisch
belastete.

Zur Herstellung genauer Werkstücke ist ein Mindestabstand des Belastungsbereiches von der oberen und unteren Matrizenstirnfläche einzuhalten.
Dieser Mindestabstand ist hier abhängig von der Größe des Belastungsbereiches, vom Außendurchmesser des Werkzeuges und der Höhe des Innendruckes.
Der Mindestabstand Δh beschreibt die Differenz zwischen der oberen
Begrenzung des Belastungsbereiches und dem Ort der Matrizenbohrung,
an welchem die Bohrung gerade ihren Ursprungsdurchmesser wieder annimmt.

Eine Abschätzung von Δh kann mit Hilfe des nachstehenden Diagramms
durchgeführt werden (Bild 18).

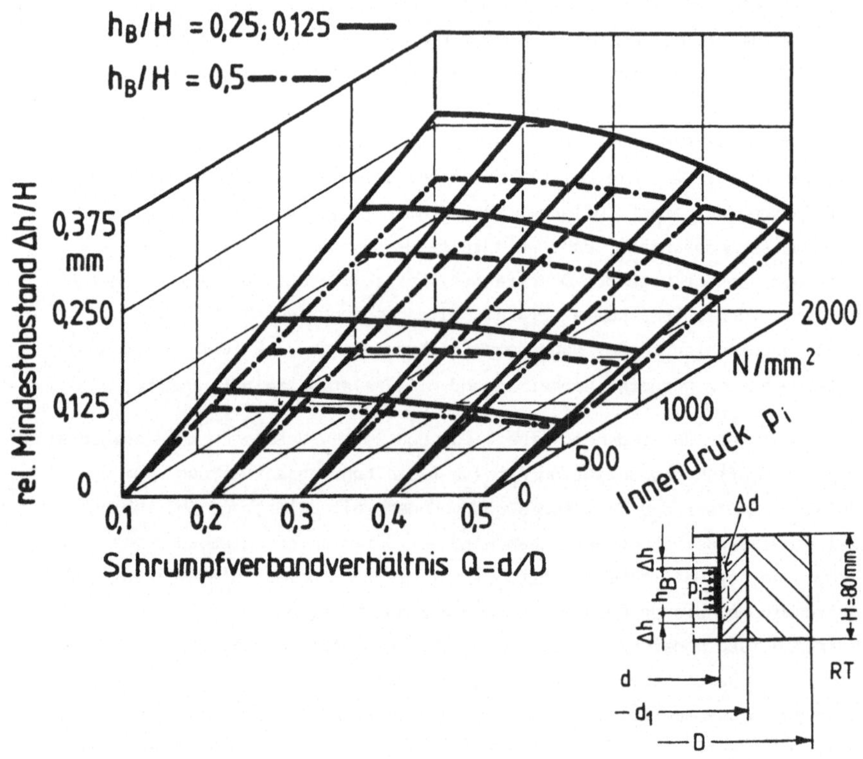

Bild 18: Größe des beeinflußten Bohrungsteiles infolge einer Innendruckbelastung.

4.1.7 Einfluß der Normaldruckverteilung $p_i(z)$

Bei den im Schrifttum veröffentlichen Festigkeitsberechnungen an armierten Matrizen wurde die Matrizenbohrung meist durch einen hydrostatischen Innendruck p_i = konst. belastet [15, 17, 51]. Bislang waren
die genauen Belastungsverläufe infolge des Umformvorganges an der Bohrungs-
innenfläche nur unvollständig bekannt. Das rechnerische Auslegen

einer mit konstantem Innendruck belasteten Matrize führt in der Regel
zu einer Überdimensionierung des Schrumpfverbandes [9, 10]. Für das
Napf-Rückwärts-Fließpressen wurden die Wandbelastungen der Matrizenbohrung von Mordassow, Laar und Hetzer [52, 47, 53] experimentell
ermittelt. Die von Kudo/Matsubara [54] und Eberlein [55] experimentell gewonnenen Kontaktspannungsverläufe stimmen mit den Ergebnissen
der o. g. Veröffentlichungen gut überein.

Die mit Hilfe der Oberen Schranken-Methode von Maegaard [56] berechneten
Kontaktnormalspannungen können in die experimentell gewonnenen Ergebnisse
gut eingereiht werden.

Für eine exemplarische Berechnung der Matrizenaufweitung wurde ein dem
Schrifttum entnommener Kontaktnormalspannungsverlauf [53, 54] verwendet
(Bild 19).

Nur wenige Millimeter unterhalb der Stempelstirn liegt ein eindeutiges,
ausgeprägtes Belastungsmaximum $p_{i\,max}$ = 2000 N/mm². Da sowohl Spannungen
als auch Verschiebungen superponierbar sind, genügt es für die Berechnung,
nur eine Radialbelastung anzusetzen. Die Belastung infolge von Reibkräf-
ten, welche sich als Schubspannung an der Bohrungsoberfläche auswirkt,
kann daher in einem weiteren Schritt getrennt berechnet werden.

Für eine vergleichende Betrachtung der Matrizenaufweitung wird dieselbe
Matrize auch mit einem hydrostatischen Innendruck p_i = konst. belastet.
Um vergleichen zu können, müssen nach Leykamm [28] gleiche belastende
Radialkräfte vorliegen. Damit berechnet sich der hydrostatische Vergleichs-Innendruck zu p_i = 1600 N/mm², was bei einer relativen Querschnittsänderung des Werkstückes von ε_A = 0,7 einem Stempeldruck
p_{St} = 2280 N/mm² entspricht.

Den Berechnungen wird ein Schrumpfverband mit dem Innendurchmesser
d = 20 mm und dem Außendurchmesser D = 100 mm zugrunde gelegt. Die
Belastung erfolgt symmetrisch und über 50 % der Matrizenhöhe. Unter
Einwirken des hydrostatischen Innendrucks p_i = 1600 N/mm² = konst.
weitet sich die Matrizenbohrung maximal um Δd = 0,21 mm auf. Das
Maximum liegt auf halber Matrizenhöhe. Wird die Matrize mit dem über
die Matrizenhöhe veränderlichen Innendruck $p_i(z)$ belastet, so weitet
sich die Matrizenbohrung maximal um Δd = 0,22 mm auf. Dabei liegt
das Maximum der Aufweitung in der Nähe der maximalen Normalbelastung
$p_i(z)_{max}$. Der größte Unterschied in der Aufweitung beträgt ca. 5 %.
Trotz einer von der Höhe z abhängigen Normalbelastung der Matrizenboh-

rung ist deren Aufweitung annähernd zylindrisch. Der Verlauf der Verschiebung ist hier analog dem einer mit hydrostatischem Innendruck belasteten Matrize.

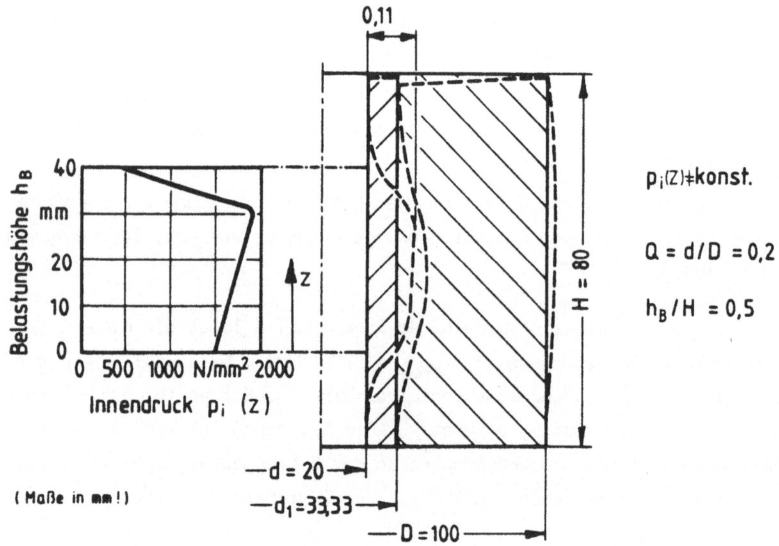

Bild 19: Verlauf der Kontaktnormalspannung nach [54] und die entsprechende Bohrungsaufweitung der Matrize.

4.1.8 Einfluß von Reibungskräften an der Matrizenbohrungswand

Für die Berechnung der örtlichen Reib-Schubspannungen wurde der in Abschnitt 4.1.7 dargestellte, auf die Matrizenbohrung wirkende Normalspannungsverlauf $p_i(z)$, herangezogen. Schmitt [57] ermittelte für das Napf-Rückwärts-Fließpressen von Stahl Reibzahlen von μ = 0,05 bis 0,07. Unter Verwendung des Reibgesetzes nach Coulomb ergibt sich mit μ = 0,07 eine obere Abschätzung für τ_{rz} [58].

$$\tau_{rz} = \mu \cdot p_i(z) \tag{47}$$

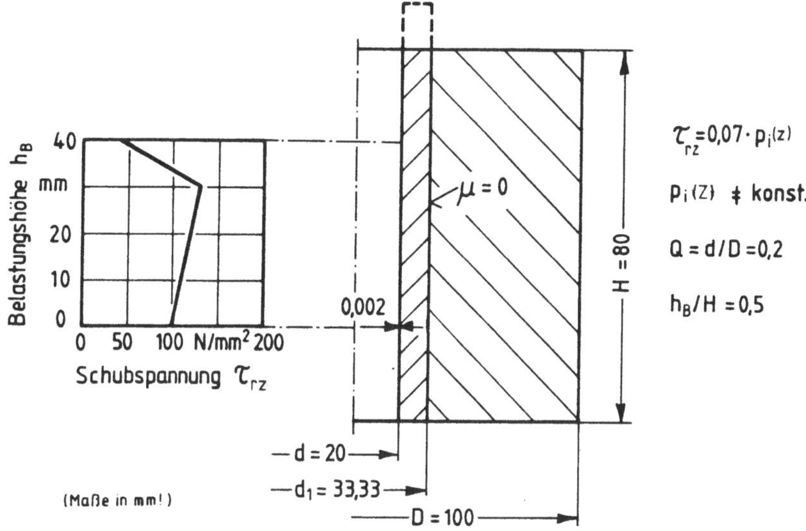

Bild 20: Einfluß einer Wandreibung auf die Bohrungskontur der Matrize.

Auf über 50 % der Matrizenhöhe wird nun diese Reib-Schubspannung symmetrisch als Belastung aufgebracht. Beim Napf-Rückwärts-Fließpressen erfolgt eine Relativbewegung zwischen Napf und Matrizenbohrung. Die Relativbewegung verbunden mit der Kontaktnormalspannung verursacht in der Matrizenbohrung eine von unten nach oben wirkende Reib-Schubspannung. Unter dieser Belastung wird die Matrize axial gelängt, Bild 20. Die maximal auftretende Vergrößerung des Bohrungsdurchmessers der Matrize beträgt hier $\Delta d = 0,004$ mm und ist als vernachlässigbar anzusehen. Eine Berücksichtigung der Reibung an der Bohrungswand ist daher bei den Aufweitungsberechnungen nicht erforderlich.

4.2   Maßänderung der Matrizenbohrung unter dem Einfluß einer Temperatureinwirkung

Bei sämtlichen Berechnungen werden in den betrachteten Schrumpfverbänden
stationäre Temperaturverteilungen vorausgesetzt, da kurzzeitig
instationäre Temperaturdehnungen zur Matrizenaufweitung praktisch nicht
beitragen. Nach Leykamm [28] ist beispielsweise beim Hohl-Vorwärts-
Fließpressen bei einer Taktzeit von 15 s der stationäre Temperaturzustand in der Matrize nach ca. 100 Minuten erreicht.

Für die Berechnung der Matrizenaufweitung durch Temperatureinwirkung
werden im Bereich des Werkstückes an der Matrizenbohrung Temperaturen
bis zu ϑ_i = 270 °C angesetzt. Unter Berücksichtigung der Raumtemperatur entspricht dies einer maximalen Temperaturerhöhung der Bohrungswand
von ΔT = 250 K.

Der Wärmeübergang von Matrize zur Armierung hängt bei ähnlich gut
wärmeleitenden Werkstoffen vom Fügedruck der beiden Teile ab. Dieser
Fügedruck wird über das rel. Haftmaß aufgebracht. Im Regelfall ist
der Fügedruck genügend hoch,um guten Wärmeübergang zu gewährleisten
[42, 50]. Unter dieser Voraussetzung ist die Betrachtung des rel.
Haftmaßes ξ als Einflußgröße bei den Temperaturrechnungen nicht notwendig. Daher wird in den Fügestellen ein idealer Wärmeübergang angenommen.
Dies ist gleichbedeutend mit einem widerstandslosen Wärmeübergang.

Eine Berücksichtigung der Temperaturabhängigkeit der Werkstoffkennwerte
ist wegen der Unterschiede dieser Kenngrößen bei den verschiedenen
Matrizen- und Armierungsringwerkstoffen schwierig. Außerdem hat die Temperaturabhängigkeit von Wärmeleitfähigkeit und Wärmeübergängen,unter
Voraussetzung stationärer Temperaturrechnung auf die Temperaturverteilung
im Werkzeug nur einen vernachlässigbaren Einfluß [45].

Bei den Berechnungen werden die unter 3.3.2.1 getroffenen, vereinfachenden Annahmen vorausgesetzt. Darüber hinaus wirkt die belastende Temperatur gleichmäßig (ϑ_i = konst.) im Belastungsbereich. Neben der Höhe
der Temperatur wurden die Größe des Belastungsbereiches, der Temperatur-
angriffsort, die Werkzeugabmessungen sowie die Wärmekenngrößen der
Werkstoffe variiert.

4.2.1 · <u>Einfluß einer Temperatureinwirkung an der Matrizenbohrung</u>

Durch den Umformvorgang wird die Bohrungswand der Matrize erwärmt. Infolge Wärmeleitung nimmt die Temperatur in der Matrize und im Armierungsring zu. Die Temperaturverteilung im Werkzeug wird durch die Wärmeleitfähigkeit λ und die festgelegten Wärmeübergänge bestimmt. Nach Gleichung (1) muß für eine stationäre Temperaturverteilung $\dot{T} \equiv 0$ im betrachteten Werkzeug ein Wärmegleichgewicht bestehen. Der am Ort der Temperatureinwirkung eintretende Wärmestrom ist demnach gleich den an den Werkzeugoberflächen austretenden Wärmeströmen. Die ein- und austretenden Wärmeströme können mit Gleichung (7) beschrieben werden.

Der Wärmeübergang an der Werkzeugauflagefläche mit $\alpha = 10^7$ W/(m²K) kommt praktisch einem "idealen Wärmeübergang" (kein Wärmewiderstand) gleich. Eine Gegenüberstellung des "idealen Wärmeüberganges" mit dem zur umgebenden Luft $\alpha = 8$ W/(m²K) macht deutlich, daß die Wärmeabgabe an die umgebende Luft sehr klein gegenüber der Wärmeabgabe an die Werkzeugauflagefläche ist. Daher fällt die Werkzeugtemperatur vom Ort der Temperatureinwirkung bis zur Auflagefläche auf Raumtemperatur (RT) ab.

Temperaturfelder

Bild 21 zeigt anhand der Isothermen die Temperaturverteilung im Werkzeug. Die dargestellten Schrumpfverbände verkörpern den größten (D = 200 mm) und den kleinsten (D = 40 mm) untersuchten Werkzeugaußendurchmesser. An der Matrizenbohrung wirkt je eine Temperatur von ϑ_i = 120 °C bzw. ϑ_i = 270 °C über 25 % der Matrizenhöhe. Die Temperatur wird symmetrisch zur Matrizenhöhe aufgebracht.

Nimmt die an der Matrizenbohrung wirkende Temperatur zu, so ergibt sich ein größeres Temperaturgefälle im Werkzeug. Dadurch liegen insgesamt höhere Temperaturgradienten vor. Nach dem Fourier'schen Gesetz fließen größere Wärmeströme (Gleichung 1), da der eine Fläche durchsetzende Wärmestrom dem Temperaturgradienten $\partial T / \partial \underline{x}$ proportional ist.

Großenteils verlaufen die Isothermen halbkugelförmig um den Bereich der Temperatureinwirkung. Aufgrund ungleicher Wärmeübergangsbedingungen von Werkzeugauflagefläche und oberer Werkzeugstirnfläche sind die halbkugelförmigen Verläufe in Richtung obere Werkzeugbegrenzung verlagert. Weiter entfernt vom Verursachungsort und damit in Bereichen niedriger Temperaturen verlaufen die Isothermen parabolisch. Bei Werkzeugen mit rel.

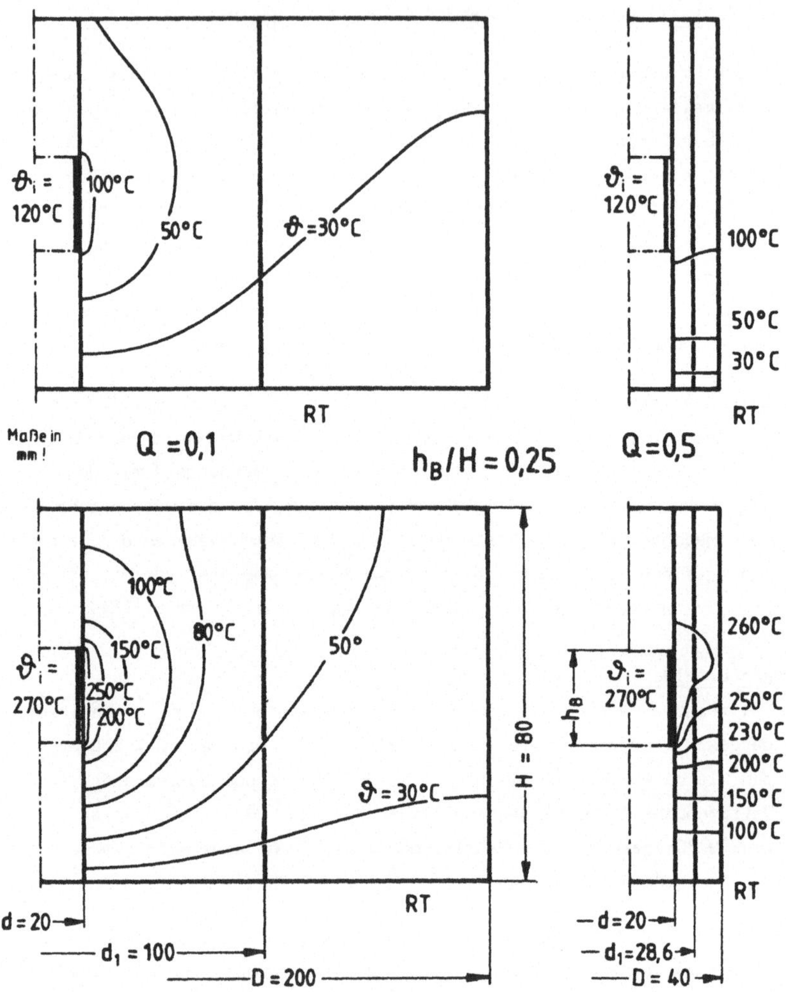

Bild 21: Beispiele für eine Temperaturverteilung im Werkzeug.

kleinem Außendurchmesser ist die wärmeabgebende Oberfläche sehr klein. Die durch die Umformung eingebrachte Wärmemenge wird daher weitgehend über die Werkzeugauflagefläche abgeführt.

<u>Verschiebung</u>

Durch Temperatureinwirkung ergeben sich Konturänderungen am Werkzeug. Für die Größe der temperaturbedingten Dehnungen und Verschiebungen hängt vom im Werkzeug vorliegenden Temperaturfeld ab.

Bild 22 zeigt für das o. g. Beispiel die Konturänderungen des Werkzeuges bei Temperaturen von $\vartheta_i = 120\ °C$ ($\Delta T = 100$ K) und $\vartheta_i = 270\ °C$ ($\Delta T = 250$ K).
Wird bei einem bestimmten Werkzeugaußendurchmesser die Temperatur der Matrizenbohrung doppelt so hoch gewählt, so ist die temperaturbedingte Maßänderung der Bohrung ebenfalls etwa doppelt so groß. Im gezeigten

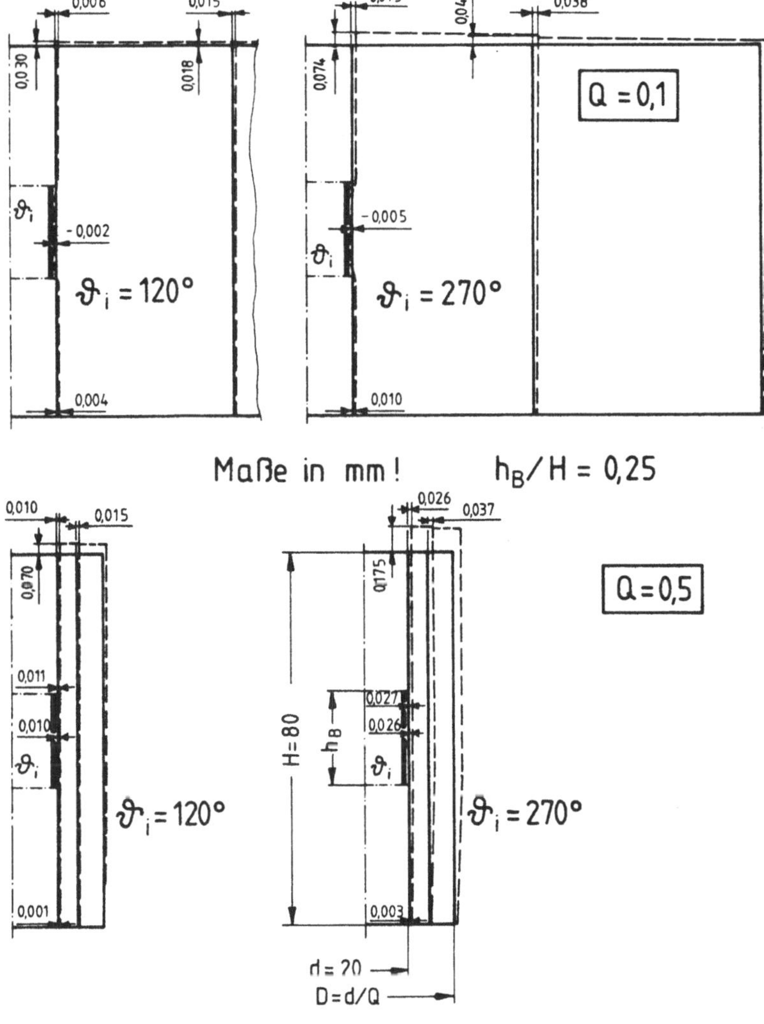

Bild 22: Änderung der Matrizengeometrie durch Temperatureinwirkung an der Bohrungswand.

Beispiel liegt ein 2,5facher Temperaturunterschied vor, der eine etwa
2,5fache Maßänderung der Bohrung bewirkt. Die Durchmesseränderung der
Matrizenbohrung erweist sich als proportional zur Temperaturerhöhung.
Dieser Zusammenhang setzt eine möglichst gleichmäßige Temperaturverteilung im Schrumpfverband voraus und liegt nach Melan und Parkus [18]
bei stationären, quellenfreien Temperaturfeldern in den meisten Fällen vor.
Beim Schrumpfverbandverhältnis Q = 0,1 wird die Matrizenbohrung infolge
der Temperatureinwirkung kleiner. Hier fällt aufgrund der großen Oberfläche die Temperatur in radialer Richtung relativ steil ab. Radial weiter
außen liegende Werkstoffelemente verlagern sich wegen ihrer niedrigen
Temperatur nur wenig nach außen. Damit wird die radiale Verlagerung der
weiter innen liegenden, wärmeren Werkstoffteilchen nach außen behindert
so daß sie sich in Richtung des kleinsten Zwanges in die Bohrung
hinein verlagern. Stute - Schlamme [25] spricht hier vom Effekt der
"thermischen Armierung", deren Wirkung ähnlich der einer Vorspannung ist.
Dadurch wird der Werkzeugquerschnitt höher belastbar.

4.2.2 Einfluß der relativen Belastungshöhe h_B/H

Temperaturfelder

Bild 23 zeigt eine Gegenüberstellung von Temperaturfeldern für eine
bestimmte Werkzeugabmessung (d = 20 mm, D = 100 mm und H = 80 mm) bei
verschieden großen Bereichen der Temperatureinwirkung, welche symmetrisch
zur halben Matrizenhöhe liegen. Die Bohrungswandtemperatur der Matrize
beträgt im Bereich der Temperatureinwirkung ϑ_i = 270 °C. Variiert wurde
die rel. Belastungshöhe zwischen h_B/H = 0,0625 und 1,0, hier nur bis 0,5
dargestellt.

Ein größerer Bereich der Temperatureinwirkung hat einen höheren Wärmestrom
an der Matrizenbohrung zur Folge. Insgesamt wird der Werkzeugquerschnitt
dadurch auf ein höheres Temperaturniveau gebracht. Verdeutlicht wird
dies durch den Verlauf der Isothermen. Bei einer rel. Belastungshöhe
h_B/H = 0,0625 weisen ca. 25 % der Matrizenquerschnittsfläche eine höhere
Temperatur als ϑ = 100 °C auf. Beträgt die rel. Belastungshöhe h_B/H = 0,5,
so haben ca. 80 % der Querschnittsfläche eine Temperatur $\vartheta \gg 100$ °C.
Durch das höhere Temperaturniveau im Werkzeug wird die Differenz der
Werkzeugoberflächentemperatur zur Umgebungstemperatur größer. Damit findet eine höhere Wärmeabgabe an die Umgebung statt (Gl. 7).

Aufgrund der idealen Wärmeabfuhrbedingung an der Werkzeugauflagefläche
treten bei größer werdendem Bereich der Temperatureinwirkung höhere
Temperaturgradienten $\partial T / \partial \underline{x}$ auf. Der höchste Temperaturgradient liegt
stets an der Matrizenbohrung, am unteren Übergang der Temperatureinwir-
kung zur nicht belasteten Fläche. Der kleine Wärmeübergangskoeffizient
an der oberen Matrizenstirnfläche läßt im oberen Werkzeugbereich relativ
hohe Temperaturen entstehen.

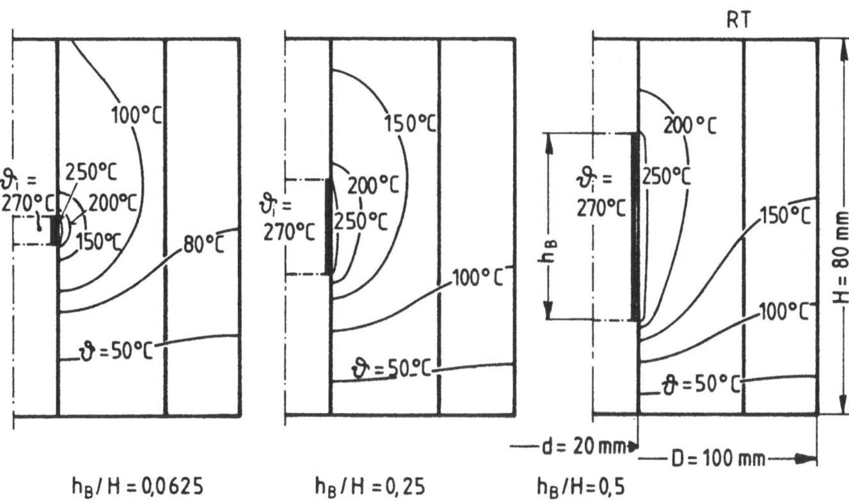

Bild 23: Temperaturverteilung bei unterschiedlich großen relativen Belastungshöhen.

Verschiebung

Größere Bereiche der Temperatureinwirkung haben einen höheren Wärmestrom
in das Werkzeug zur Folge. Damit ist eine größere Temperaturdehnung verbunden. Dies macht sich in der Konturveränderung des Werkzeuges bemerkbar.
Mit größer werdender rel. Belastungshöhe h_B/H nimmt auch die radiale Aufweitung der Matrizenbohrung zu. Sie ist an der obersten Stelle der
Matrizenbohrung am größten. Zwar liegt hier nicht die höchste Temperatur
vor aber ein relativ großes Temperaturfeld mit einem entsprechend hohen
Temperaturniveau. Die Konturverschiebung der Matrize ergibt sich aus der
Summation aller Einzelverschiebungen. Jede einzelne Elementverschiebung
wird aus der temperaturbedingten Elementdehnung berechnet.

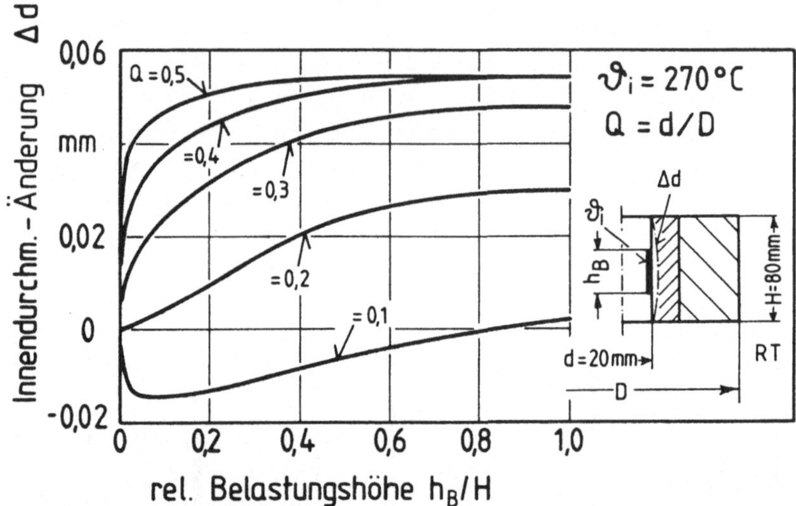

Bild 24: Einfluß der rel. Belastungshöhe auf die temperaturbedingte
Durchmesseränderung der Matrizenbohrung.

Ausgehend vom oberen Bohrungsrand der Matrize nehmen die radialen Verschiebungen der Matrizenbohrung in Richtung Werkzeugauflage ab. Grund
hierfür ist die Abnahme der Temperatur in Richtung Werkzeugauflage. Der
Werkstückaußendurchmesser wird im Bereich der Matrizenbelastung erzeugt.
Daher wird die Beschreibung der Bohrungsaufweitung auf halber Matrizenhöhe, also inmitten des Belastungsbereiches, vorgenommen.

Bild 24 verdeutlicht den Einfluß der rel. Belastungshöhe h_B/H auf die
Bohrungsaufweitung der Matrize unter einer Temperatureinwirkung von
ϑ_i = 270 °C an der Matrizenbohrung. Als Parameter sind im Bild die Außendurchmesser D = Q/d der betrachteten Werkzeuge aufgetragen. Mit zunehmendem h_B/H, d. h. vermehrter Wärmeeinbringung nimmt die Innendurchmesser-
veränderung Δd der Matrizenbohrung, näherungsweise einer Potenzfunktion
folgend, zu. Werkzeuge großer Abmessungen und damit großer wärmeabgeben-
der Flächen weiten sich insgesamt wenig auf. Beim Schrumpfverband mit
dem Außendurchmesser D = 200 mm (Q = 0,1) tritt eine Verengung der
Matrizenbohrung auf, da hier eine starke Behinderung der radialen Dehnungen eintritt.

Rein tendenziell ergibt sich bei einer Temperatureinwirkung ein ähnliches
Aufweitungsverhalten der Matrizenbohrung, wie bei einer Innendruckbelastung (vgl. Abschnitt 4.1.3).

4.2.3   Einfluß des Außendurchmessers D

Temperaturfelder

Bild 25 zeigt eine Gegenüberstellung von Temperaturfeldern, die in Werkzeugen mit unterschiedlichen Außendurchmessern D ermittelt wurden. Dargestellt ist jeweils der Werkzeuglängsschnitt. Symmetrisch auf halber Matrizenhöhe ist die Bohrungswand über 25 % ihrer Höhe mit einer Temperatur von ϑ_i = 270 °C beaufschlagt.

Wegen der unterschiedlichen Wärmeabfuhrbedingungen des Werkzeuges stellen sich in der oberen Schrumpfverbandhälfte relativ hohe Temperaturen ein. Je kleiner der Außendurchmesser D ist, umso höher sind diese Temperaturen.

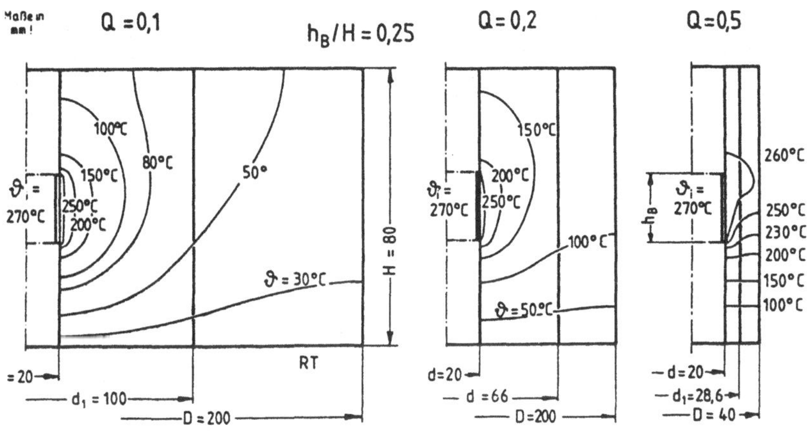

Bild 25: Temperaturverteilungen in Werkzeugen verschiedener Außendurchmesser.

Bei kleineren Schrumpfverbänden sind aufgrund des insgesamt höheren Temperaturniveaus auch die Temperaturgradienten und damit die temperaturbedingten Spannungen niedriger.

Im allgemeinen treten beim Kaltumformen reibungsbedingt kurzzeitig hohe Temperaturspitzen (instationär) an der Matrizenbohrungswand auf, die sich ins Matrizeninnere rasch abbauen, so daß hier nur niedrige Temperaturen vorliegen [28] . Daher stellen die berechneten Temperaturfelder eine Grenzbetrachtung dar und vermitteln einen Überblick über den Verlauf der

Isothermen, deren Kurvenverläufe abgesehen vom absoluten Betrag der Temperatur bei jedem Temperaturniveau tendenziell ähnlich sind.

Unter stark vereinfachenden Annahmen können die einzelnen vom Werkzeug abgegebenen Wärmeströme näherungsweise bestimmt werden. Für die Wärmeübergänge Werkzeug/Luft werden entlang der Werkzeugstirnfläche oder der Werkzeugmantelfläche gleich hohe mittlere Wandtemperaturen angenommen. Damit kann mit (Gl. 7) für den Schrumpfverband mit dem Außendurchmesser D =200 mm die Wärmestromdichte an der Mantelfläche zu $\dot{q}_m$ = 100 W/m² und an der oberen Werkzeugstirnfläche $\dot{q}_{st}$ = 300 W/m² abgeschätzt werden. Da an der Werkzeugauflagefläche idealer Wärmeübergang angenommen wird, ist (Gl. 7) für eine Berechnung des Wärmestroms ungeeignet. Hier bietet sich das Fouriersche Grundgesetz (Gl. 1) in der vereinfachten Form für den eindimensionalen Fall an. Dazu wird der mittlere Temperaturgradient zwischen benachbarten, dem Wärmeübergang naheliegenden Isothermen ermittelt und mit Hilfe der Wärmeleitzahl (unter der Annahme linearer Temperaturverteilung zwischen den Isothermen) die Wärmestromdichte zu $\dot{q}_A$ = 62,5$\cdot$10³W/m² berechnet.

Zur Aufrechterhaltung des vorliegenden Temperaturfeldes ist demnach eine stationäre Wärmestromdichte von $\dot{q}_m + \dot{q}_{st} + \dot{q}_A$ = 63$\cdot$10³ W/m² erforderlich, welche über das Werkstück "kontinuierlich" eingebracht werden müßte. Nester [59] berechnete infolge von Reibung an der Matrizenwand eine Wärmestromdichte von $\dot{q}_R$ = 34$\cdot$10^5 W/m², die über die Kontaktberührzeit von 0,1 s wirksam ist. Wird seiner instationären Betrachtung eine Taktzeit von 5,4 s zugrunde gelegt, so würde sich über die Taktzeit gemittelt eine Wärmestromdichte $\dot{q}_R$ = 63$\cdot$10^{3}W/m² ergeben, womit das o. g. stationäre Temperaturfeld aufrecht erhalten werden könnte.

<u>Verschiebungen</u>

Bild 26 zeigt die berechnete Aufweitung der Matrizenbohrung Δd auf halber Matrizenhöhe H/2. Variiert wurde bei symmetrischer Belastung der Matrize der Außendurchmesser des Schrumpfverbandes zwischen D = 40 mm und D = 200 mm (Q = 0,5 und Q = 0,1) sowie die relative Belastungshöhe h_B/H von 0,0625 bis 1,0.
Grundsätzlich weiten sich große Werkzeuge (mit großem Außendurchmesser) weniger auf als kleine.

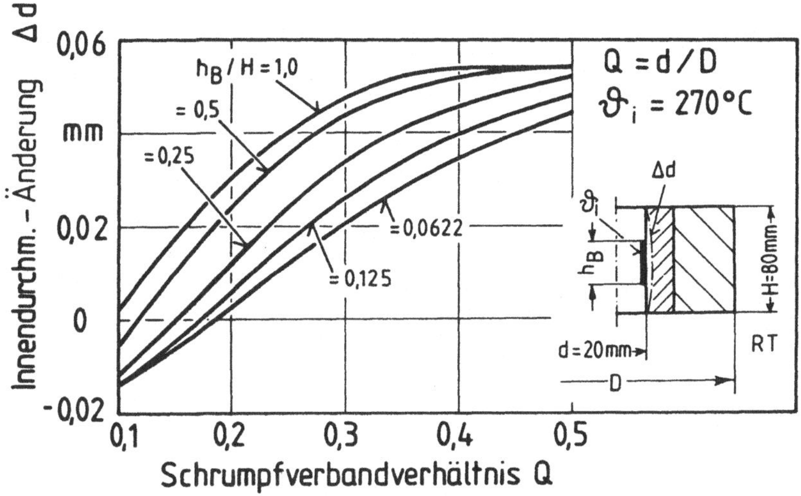

Bild 26: Änderung des Bohrungsdurchmessers in Abhängigkeit vom Schrumpfverbandverhältnis Q.

Für kleine Außendurchmesser der Werkzeuge D ≪ 40 mm (Q ≫ 0,5) streben
die Aufweitungskurven asymptotisch einem Grenzwert zu. Dies ist mit dem
im Werkzeug dann vorliegenden, gleichmäßig hohen Temperaturniveau zu
begründen.

Bei größeren rel. Belastungshöhen h_B/H weitet sich die Matrizenbohrung
infolge der dann höheren Wärmeeinbringung stärker auf. Die Ergebnisse
aus Bild 26 haben nur für Werkzeuge mit einem Bohrungsdurchmesser von
d = 20 mm Gültigkeit. Die Größe der temperaturbedingten Aufweitung Δd
hängt von der absoluten Größe des Bohrungsdurchmessers ab. Dies geht
aus der Dilatationsgleichung für den eindimensionalen Fall, bei homoge-
ner Temperatur, hervor:

$$\Delta d = d \cdot \alpha_l \cdot \Delta T. \tag{48}$$

Hier bestimmt die absolute Abmessung d direkt die Größe der Bohrungsaufweitung Δd. Mit Hilfe dieser Gleichung können die dargestellten Ergebnisse unter Voraussetzung einer möglichst gleichmäßigen Temperaturverteilung auch auf andere Bohrungsdurchmesser umgerechnet werden.

4.2.4 Einfluß des Belastungsortes

Temperaturfelder

Wegen der verschiedenen Einsatzmöglichkeiten vorgespannter Werkzeuge mit zylindrischer Bohrung wurde der Einfluß des Ortes der Temperatureinwirkung auf die Bohrungsaufweitung untersucht. Angenommen wurde eine Temperatur von ϑ_i = 270 °C über 25 % der Matrizenhöhe,einerseits symmetrisch zur halben Matrizenhöhe,andererseits ausgehend von der oberen Matrizenberandung. Im letzteren Fall kann sich das einstellende Temperaturfeld im Werkzeug weitflächiger verteilen (Bild 27), da der Wärmestrom zwischen Temperatureinwirkung und Werkzeugauflage eine längere Strecke zu überbrücken hat. Diesem Wärmestrom wird damit ein höherer Widerstand entgegengesetzt $(\dot{q} = -\lambda \ / \ \Delta z \cdot \Delta T)$.

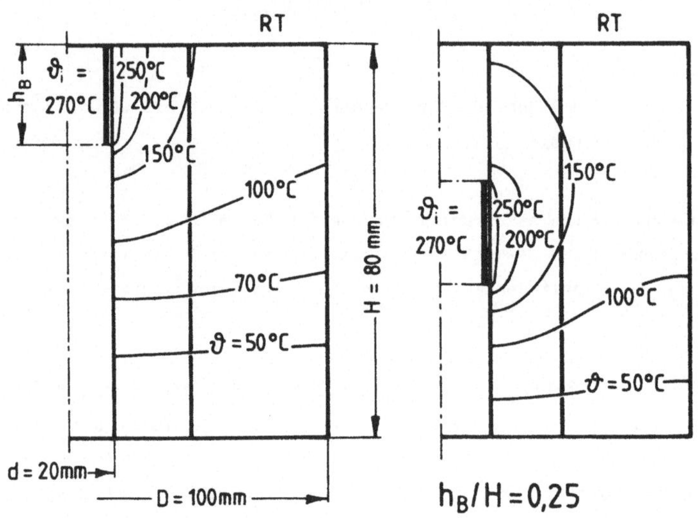

Bild 27: Temperaturverteilung bei mittiger und außermittiger Temperatureinwirkung.

Für die Aufrechterhaltung dieses Temperaturfeldes genügt das Einbringen eines im Vergleich zu symmetrischer Belastung kleineren Wärmestromes in die Matrize.
Sämtliche Isothermen verlaufen parabolisch und enden mit horizontaler Tangente an der Matrizenbohrung, an welcher in diesem Bereich Isolierung angenommen wurde.

<u>Verschiebungen</u>

Bei mittiger Temperatureinwirkung weitet sich die Matrizenbohrung im
Bereich des gedachten Werkstückes um $\Delta d = 0\,006$ mm auf, Bild 28. Damit
ist die Aufweitung infolge der Temperatur als sehr klein zu bezeichnen.
An der oberen Matrizenstirn hat die Bohrungsaufweitung ihr Maximum mit
$\Delta d_{max} = 0,017$ mm. Wegen des insgesamt hohen Temperaturniveaus im oberen
Werkzeugteil liegt das Maximum der Aufweitung an der oberen Matrizenstirn. Die nahe Lage des Bereiches der Temperatureinwirkung zur Werkzeugauflage bewirkt eine relativ starke Abkühlung im unteren Werkzeugbereich
gegenüber einer Temperatureinwirkung am oberen Werkzeugrand. Daher ist
die maximale Aufweitung bei mittiger Temperatureinwirkung um ca. 30 %
geringer als bei einer Temperatureinwirkung an der oberen Werkzeugberandung. Die axiale Längung hingegen ist bei beiden Belastungsfällen
annähernd gleich groß.

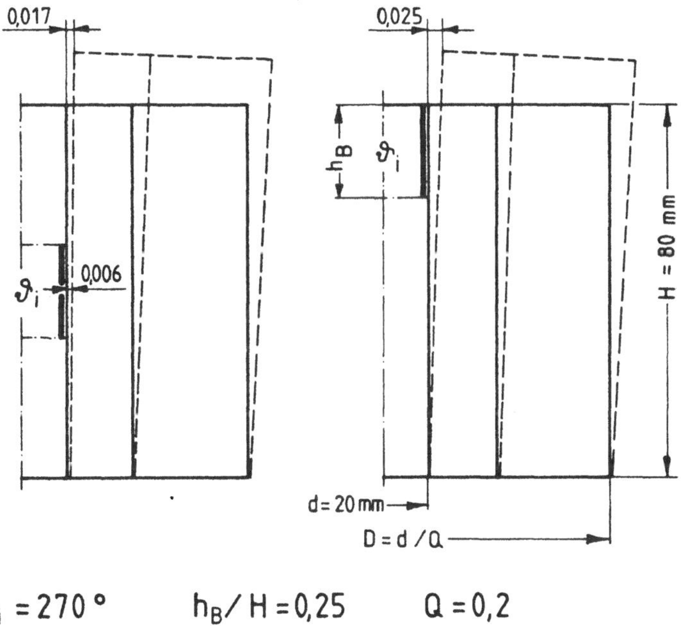

$$\vartheta_i = 270° \qquad h_B / H = 0,25 \qquad Q = 0,2$$

Bild 28: Konturveränderung bei unterschiedlicher Lage des Ortes der
Temperatureinwirkung.

4.2.5   Einfluß der Wärmekenngrößen (λ, α_1, α_A)

Die Wärmekenngrößen, d.h. Wärmeleitfähigkeit λ, Längenausdehnungskoeffizient α_L und Wärmeübergangskoeffizient α_A sind im allgemeinen von der Temperatur T und damit auch vom Ort (r, z) abhängig. Bei den im Schrifttum angegebenen Berechnungen von Temperaturen in Werkzeugen wurde die Temperaturabhängig-keit dieser Wärmekenngrößen oftmals berücksichtigt [20, 21, 25, 26]. Allerdings handelt es sich hier um Umformwerkzeuge für den Einsatz in einem höheren Temperaturbereich, wie z.B. beim Strangpressen ϑ = 400 °C oder Schmieden $\vartheta \geqslant$ 900 °C. Zudem handelt es sich meist um instationäre Betrachtungen, bei denen die Wärmekapazität ebenfalls eine Rolle spielt.

Im hier betrachteten Temperaturintervall RT $\leqslant \vartheta_i \leqslant$ 270 °C sind die genannten Wärmekenngrößen nur schwach temperaturabhängig. So ist die Temperaturabhängigkeit,von für die in Betracht kommenden Werkzeug-stähle,kleiner 10 % bis 20 % [45].

Der Matrizenwerkstoff S 6-5-2 hat bei Raumtemperatur eine Wärmeleitfähig-keit λ_{RT} = 20 W/(mK) und bei ϑ = 270 °C eine Wärmeleitfähigkeit λ_{270} = 24 W/(mK). Bei üblichen Armierungsringwerkstoffen beträgt λ_{RT} = 26 W/(mK) und λ_{270} = 29 W/(mK).

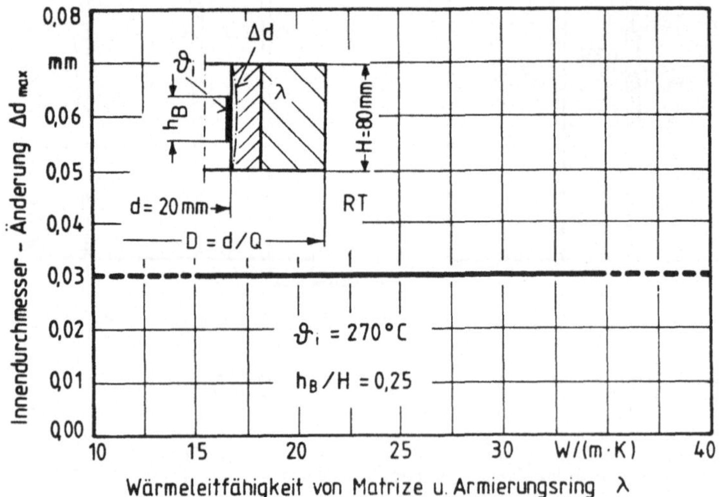

Bild 29: Abhängigkeit der Innendurchmesseränderung von der Wärmeleit-fähigkeit des Werkzeugwerkstoffes.

Die Wärmeleitfähigkeit beschreibt den Widerstand, der dem Wärmestrom im
Werkzeug entgegengesetzt wird. Um über den Einfluß von λ auf die Bohrungsaufweitung der Matrize Aufschluß zu bekommen, wird ein Schrumpfverband
mit dem Außendurchmesser d = 200 mm symmetrisch über 25 % seiner Höhe mit
einer Temperatur von ϑ_i = 270 °C an seiner Bohrungswand beaufschlagt.
Bild 29 zeigt, daß eine Veränderung der Wärmeleitfähigkeit des Werkzeugwerkstoffes praktisch ohne Einfluß auf die Bohrungsaufweitung bleibt.
Eine Änderung von λ im gezeigten Bereich 15 W/(mK) $\ll \lambda \ll$ 35 W/(mK) hat
nur eine geringe Änderung der Temperaturverteilung im Werkzeug und damit
auch der Verschiebungen zur Folge.

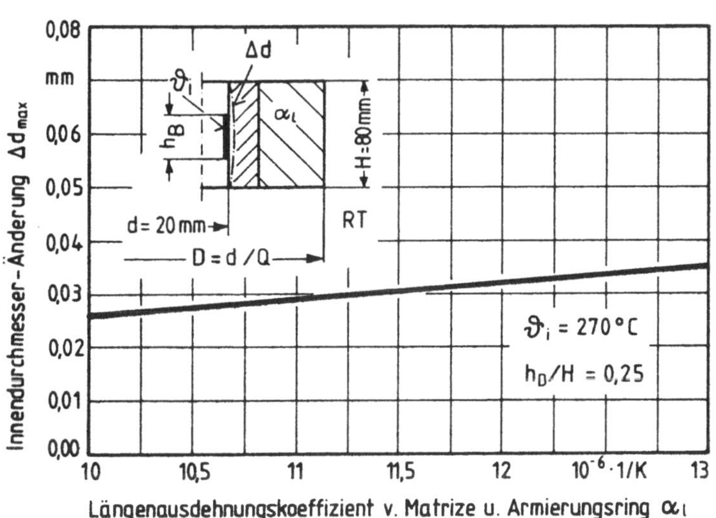

Bild 30: Abhängigkeit der Innendurchmesseränderung vom Längenausdehnungskoeffizienten.

Die Variation des Längenausdehnungskoeffizienten α_l beeinflußt in direk-
ter Weise die Bohrungsaufweitung der Matrize, da α_l als Multiplikator
die Größe der Verschiebungen mit bestimmt (Gl. 1). Werkzeugwerkstoffe,
i. e. Matrizenwerkstoffe und Armierungsringwerkstoffe haben im betrachteten Temperaturintervall in aller Regel Längenausdehnungskoeffizienten

$10,5 \cdot 10^{-6}1/K < \alpha_l < 12 \cdot 10^{-6}1/K$, wobei eine Temperaturerhöhung von $\Delta T = 250$ K eine Erhöhung des Längenausdehnungskoeffizienten von weniger als 10 % bewirkt [60]. Bild 30 verdeutlicht den Einfluß des Längenausdehnungskoeffizienten auf die maximale Bohrungsaufweitung der Matrize. Zwischen der Bohrungsaufweitung und dem Längenausdehnungskoeffizienten besteht ein linearer Zusammenhang. In Anbetracht des Bohrungsdurchmessers d = 20 mm ergibt sich eine Aufweitung der Bohrung von $\Delta d = 0,026$ mm bei $\alpha_l = 10 \cdot 10^{-6}1/K$ und $\Delta d = 0,029$ mm bei $\alpha_l = 11 \cdot 10^{-6}1/K$. Die absolute Differenz der unterschiedlichen Aufweitungen beträgt 0,003 mm und ist bezüglich des untersuchten Bohrungsdurchmessers als vernachlässigbar anzusehen. Eine Mitberücksichtigung der Temperaturabhängigkeit in den untersuchten Fällen ist daher nicht notwendig.

An der Werkzeugauflage, hin zur Werkzeuggrundplatte wurde bei sämtlichen Berechnungen ein idealer Wärmeübergang angenommen, indem ein sehr hoher Wärmeübergangskoeffizient $\alpha_A = 10^7$ W/(m²K) in Gl.(7) angenommen wurde. Für rein metallischen Kontakt empfiehlt Lueg [44] Wärmeübergangskoeffizienten von $\alpha = 20000$ bis 40000 W/(m²K). Klafs [42] gibt für niedrige Kontaktdrücke $p_n = 8$ N/mm² Wärmeübergangskoeffizienten von $\alpha = 30\ 000$ W/(m²K) an, wobei die Wärmeübergangskoeffizienten mit steigenden Kontaktdrücken zunehmen: Durch plastische Deformation der Oberflächenrauheiten entsteht eine Vergrößerung der Kontaktfläche.

Bei den Berechnungen wurde daher der Wärmeübergangskoeffizient im technisch interessierenden Bereich zwischen $\alpha_A = 1000$ W/(m²K) und $\alpha_A = 10^7$ W/(m²K) variiert, um den Einfluß auf die Bohrungsaufweitung zu ermitteln, Bild 31.

Im untersuchten Bereich (durchgezogene Linie) ist die Abhängigkeit der Bohrungsaufweitung vom Wärmeübergang an der Werkzeugauflage als sehr klein zu bezeichnen (< 10 %). Der gestrichelte Teil der Kurve stellt eine Extrainterpolation dar.

Insgesamt können die Einflüsse der Wärmekenngrößen auf die Bohrungsaufweitung der Matrize als vernachlässigbar bezeichnet werden, weil die Berechnungen jeweils mit der höchst angenommenen Bohrungswand-Temperatur durchgeführt und damit die Maximalauswirkungen erfaßt wurden. Durch diese vereinfachende Maßnahme läßt sich eine erhebliche Verkürzung der Rechenzeit bei den Finite-Elemente-Rechnungen erzielen.

Allerdings ist zu beachten, daß die Auswirkung der Temperaturabhängigkeit des Längenausdehnungskoeffizienten von den absoluten Abmessungen
des Werkzeuges abhängt.

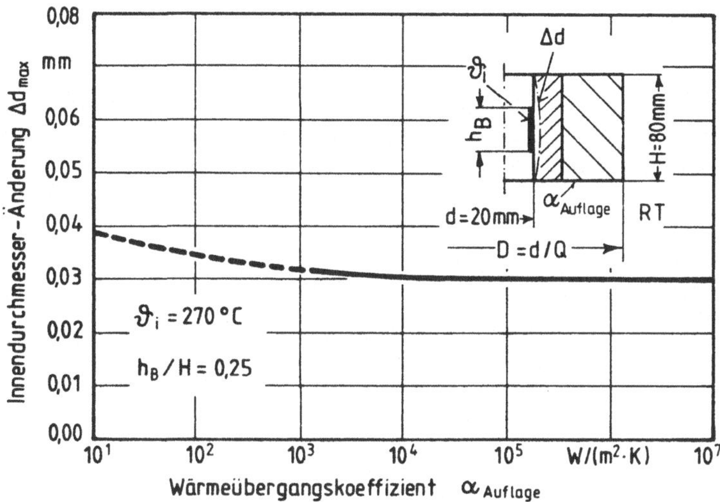

Bild 31: Einfluß des Wärmeüberganges zur Werkzeuggrundplatte auf die
Bohrungsaufweitung der Matrize.

4.2.6   Einfluß einer Temperaturabhängigkeit des E-Moduls

Der Elastizitätsmodul der Werkzeugwerkstoffe ist temperaturabhängig. Eine
Temperaturerhöhung auf ϑ_i = 270 °C bewirkt einen Abfall des E-Moduls um
ca. 10 %. Anhaltswerte über diese Temperaturabhängigkeit von Matrizenwerk-
stoffen befinden sich beispielsweise in der ICFG-Richtlinie No. 4/82 [61].

Durch einen niedrigeren Elastizitätsmodul sinkt die radiale Werkzeugsteifigkeit. Damit verhält sich das Werkzeug unter mechanischer Belastung
"weicher" und federt weiter auf. Für eine Grenzbetrachtung wird ein Werkzeug mit mittelgroßen Abmessungen, Innendurchmesser d = 20 mm, Fugen-

durchmesser d_1 = 52 mm und Außendurchmesser D = 120 mm über 25 % seiner Höhe, ausgehend von der oberen Matrizenberandung mit einem Innendruck von p_i = 2000 N/mm² belastet. Gleichzeitig wirkt im Bereich des aufgebrachten Innendruckes auf die Bohrungswand eine Temperatur von ϑ_i = 270 °C. Somit tritt die höchst mögliche Belastung auf, die im Rahmen dieser Untersuchung berücksichtigt wurde. Bei dem gewählten Lastfall verhält sich die Matrize bei reiner Innendruckbelastung "relativ weich".

Aufgrund der zu erwartenden Temperaturverteilung im Werkzeug, werden die Temperaturen des Armierungsringes kleiner als 150 °C sein. In der Matrize selbst werden die Temperaturen über 2/3 der Matrizenhöhe ebenfalls kleiner 150 °C sein, Bild 32.

Eine Absenkung des Elastizitätsmodules auf E = 190 000 N/mm² in der Matrize setzt an jeder Stelle der Matrize eine Temperatur von ϑ = 270 °C voraus. Diese hohe Temperatur an jeder Stelle des Werkzeuges stellt aus o. a. Gründen eine Grenzbetrachtung dar. Wegen den niedrigeren Temperaturen im Armierungsring wurde dort der E-Modul auf E = 210 000 N/mm² belassen.

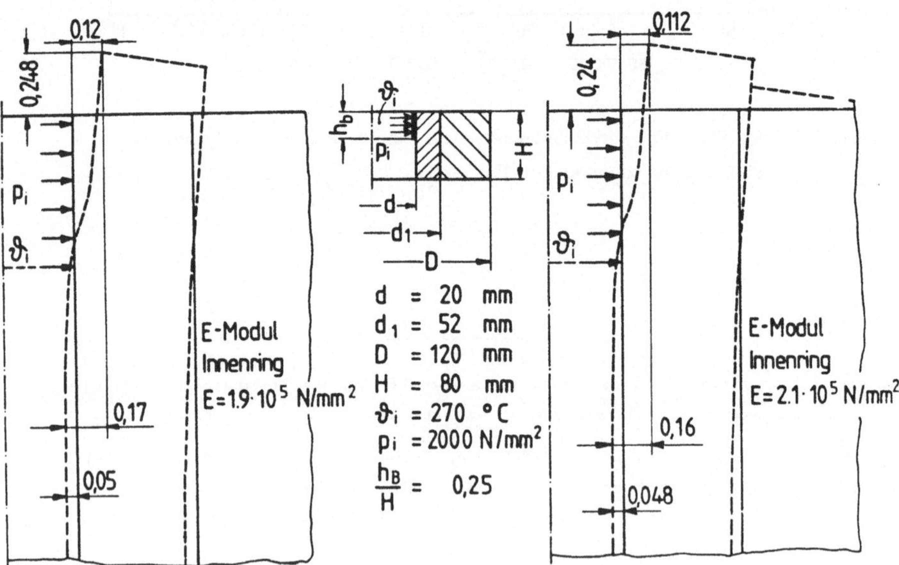

Bild 32: Einfluß der Temperaturabhängigkeit des E-Moduls auf die Bohrungsaufweitung.

Die Bohrung der Matrize mit dem niedrigeren Elastizitätsmodul weitet sich
unter der genannten Belastung um etwa 7 % weiter auf als bei der Verwendung des E-Moduls von $2,1 \cdot 10^5$ N/mm². Der absolute Unterschied beträgt
0,01 mm.

Da die gewählten Belastungen der Matrizenbohrungswand sicherlich die gewünschte obere Grenzbelastung darstellen, ist die Auswirkung der Temperaturabhängigkeit des E-Moduls in der Praxis kleiner und es kann in dieser
Untersuchung der E-Modul noch als temperaturunabhängig betrachtet werden; $\partial E / \partial T \approx 0$.

4.3   Maßänderung der Matrizenbohrung durch mechanische Belastung
           und gleichzeitige Temperatureinwirkung

In Kapitel 4 wurden die verschiedenen Einflüsse auf die Bohrungsaufweitung der Matrize dargelegt. Für die Beschreibung dieser Aufweitung dien-
te jeweils eine repräsentative Stelle der Matrizenbohrung, die im Bereich
eines "gedachten" Werkstückes liegt.

Die Aufweitungen infolge Innendruckbelastung und Temperatureinwirkung
wurden getrennt untersucht. Dies ist zulässig, da die Gesamtverschiebung
eines jeden beliebigen Werkzeugkonturpunktes, bei gleichzeitiger thermischer und mechanischer Belastung, durch Addition der Einzelverschiebungen
eines bestimmten Punktes infolge mechanischer Belastung und Temperatureinwirkung gewonnen werden kann. Die einzelnen Verschiebungen der Kontur-
punkte im Finite-Elemente-Netz sind wie Spannungen superponierbar. Das
relative Haftmaß ξ bleibt auf die belastungsbedingten Konturveränderungen
der Matrizenbohrung ohne Einfluß und muß deshalb nicht gesondert betrachtet werden.
Unter Nutzung der bisher gewonnenen Erkenntnisse, wie lineare Abhängigkeit der Bohrungsaufweitung von einer Innendruckbelastung und von einer
Temperatureinwirkung sowie der vernachlässigbar kleinen Auswirkungen
einer Längsteilung, kann mit Hilfe der nachstehenden Diagramme die Aufweitung von Schrumpfverbänden ermittelt werden. Dabei spielt es keine
Rolle, ob es sich um ein einfach oder mehrfach längsgeteiltes Werkzeug
handelt. Den hier dargestellten Diagrammen liegt der Bohrungsdurchmesser
d = 20 mm zugrunde. Für die Übertragbarkeit der Ergebnisse auf andere
Schrumpfverbandabmessungen müssen gleiche Schrumpfverbandverhältnisse
$Q = d/D$ bzw. h_B/H vorliegen.

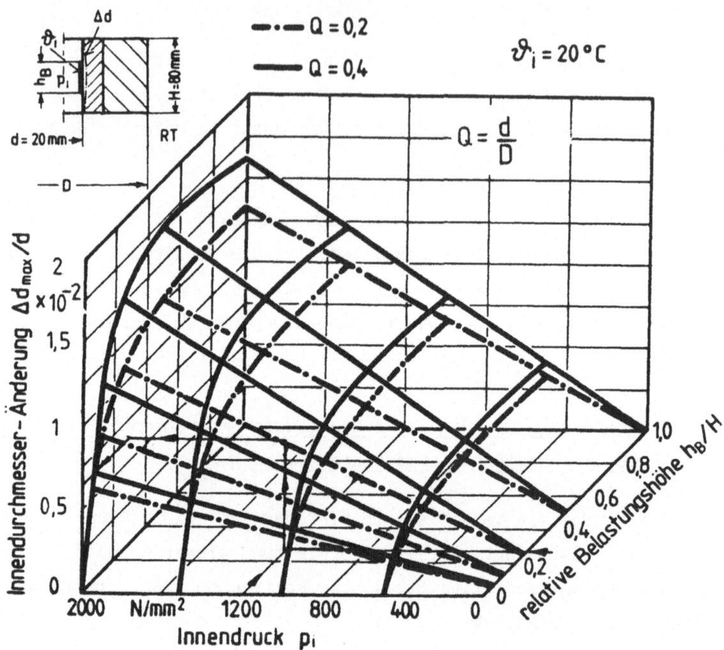

Bild 33: Ermittlung der maximalen Innendurchmesseränderung Δd_{max}
armierter Matrizen mit zyl. Bohrung, in Abhängigkeit vom Innendruck p_i und der rel. Belastungshöhe h_B/H .

Beispiel einer Bohrungsaufweitung

Bei der Herstellung eines Napfes aus dem Stahlwerkstoff Ck 15 mit dem
Außendurchmesser d = 20 mm und dem Innendurchmesser d = 14,5 mm und
einer Rohteilhöhe von h_0 = 20 mm, wirkt auf die Bohrungswand der Matrize
eine max. Normalspannung von p_i = 1200 N/mm², vgl. VDI 3185, Bl. 2 [48] .

Wird eine 80 mm hohe Matrize hinsichtlich Werkstoffausnutzung und Belastung
optimal ausgelegt, so ist hierfür ein einfach armierter Schrumpfverband mit
dem Fugendurchmesser d_1 = 50 mm und dem Außendurchmesser D = 100 mm erforderlich. Als rel. Haftmaß müßte ξ = 4,6‰ gewählt werden, vgl. VDI 3186 [5] .
Nach Bild 33 würde die Bohrung des Schrumpfverbandes durch die auftretende symmetrische, mechanische Belastung um max. Δd_p = 0,132 mm aufge-
weitet . Um die Gesamtaufweitung zu erhalten, ist die Addition der temperaturbedingten Aufweitung der Matrize an derselben Stelle erforderlich.

Unter Voraussetzung einer Temperaturzunahme der Matrize auf $\vartheta = 100$ °C
ist nach Bild 34 noch ein $\Delta d_T = 0,004$ mm zu addieren. Die maximale
Gesamtaufweitung der Matrizenbohrung beträgt demnach $\Delta d = 0,136$ mm.

Würde eine doppelt armierte Matrize mit den Fugendurchmessern $d_1 = 34$ mm,
$d_2 = 50$ mm und dem Außendurchmesser $D = 67$ mm eingesetzt, so müßten in
der Fuge die rel. Haftmaße $\xi_1 \approx 5,4$ ‰ und $\xi_2 = 2,8$ ‰ gewählt werden.
Unter der o. g. mechanischen Belastung würde die Matrizenbohrung um max.
$\Delta d_P = 0,15$ mm größer werden. Hinzu käme noch eine temperaturbedingte
Aufweitung von $\Delta d_T = 0,01$ mm. Die maximale Gesamtaufweitung der Matrizenbohrung beträgt somit $\Delta d \approx 0,16$ mm und ist um ca. 18 % höher als
bei der einfach armierten Matrize (mit größerem Außendurchmesser). Der
Temperatureinfluß auf die Bohrungsaufweitung erweist sich insgesamt als
klein gegenüber dem Einfluß des Innendruckes.

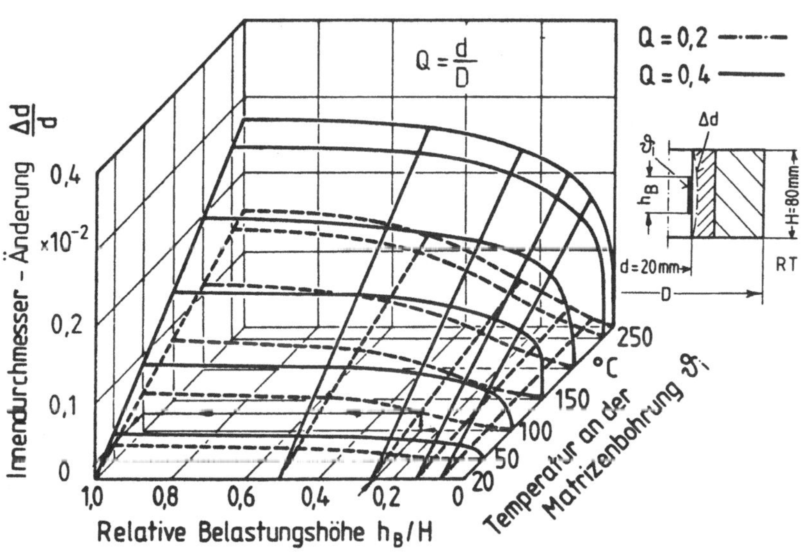

Bild 34: Ermittlung der Innendurchmesseränderung Δd auf halber Matrizenhöhe von armierten Matrizen, in Abhängigkeit von der Temperatur an der Bohrungswand und der rel. Belastungshöhe h_B/H.

5   Einfluß verschiedener Auslegungsparameter auf die Aufweitung

           armierter Fließpreßmatrizen mit abgesetzter Bohrung

Fließpreßmatrizen mit abgesetzter Bohrung werden häufig zur Herstellung
von Werkstücken eingesetzt, die an einem Ende einen Bund haben. Richtlinien für die Auslegung und konstruktive Gestaltung der Fließpreßwerkzeuge finden sich in den VDI-Richtlinien und den ICFG-Data Sheets [5,48,
49,61] .

Für das Voll-Vorwärts-Fließpressen von Stahlwerkstoffen werden in diesen
Richtlinien Schulteröffnungswinkel 2 α = 40 ° bis 130 ° empfohlen.
Unter Beachtung der maximal möglichen Beanspruchungen der Fließpreßwerkzeuge sind beim Voll-Vorwärts-Fließpressen von Stahl relative Querschnittsabnahmen von ε_A = 0,7 bis 0,85 erreichbar. Es wird
darüber hinaus empfohlen, daß die Flanschdicke des Werkstückes größer
als der halbe Schaftdurchmesser sein soll, da bei kleineren Flanschdicken
am Kopf des Werkstückes eine trichterförmige Fehlstelle durch eine Werk-
stoffvoreilung entsteht [62] . Die Preßkraft am Fließpreßstempel setzt
sich aus der Umformkraft in der Umformzone und der Reibkraft des Rohteiles
an der Matrizenwand zusammen. Damit unterliegt sie einer größeren Änderung mit fortschreitendem Stempelweg. Nach Leykamm [28] wird die Kontur
eines Werkstückes in jedem Augenblick des Umformvorganges wesentlich von
der radialen Federung des Werkzeuges und somit vom unter Last bereitge-
stellten Düsenquerschnitt bestimmt.

Um die Einflüsse auf diese radialen elastischen Werkzeugfederungen zu
ermittelt, wurden neben der Größe des belasteten Bohrungsbereichs der
Matrize auch die Höhe der Belastung variiert.

Zusätzlich wurden die verschiedenen Durchmesser von Matrize und Armierung
verändert. Der Einfluß des Schulteröffnungswinkels auf die Aufweitung am
Fließbund wurde im Bereich 60 ° < 2α < 120 ° untersucht.

Nach Krämer [15] hat die Größe des Schulterauslaufradius auf die Spannungen nur einen vernachlässigbar kleinen Einfluß. Daher war eine Variation
des Schulterauslaufradius für die Untersuchung der Aufweitung des Fließ-

bundes unter Last nicht erforderlich. Örtliche Spannungsspitzen, d.h. hohe
Spannungsgradienten wie sie durch Kerbwirkung auftreten können, üben auf
die Verschiebungen praktisch nur einen sehr kleinen Einfluß aus, daher
war die Beschränkung der Untersuchung am Schultereintritt auf den Radius
r = 1 mm möglich.

Sämtliche Untersuchungen wurden an Matrizen mit der Höhe H = 80 mm
durchgeführt. Der Schulterauslauf lag 20 mm von der unteren Matrizen-
stirnseite entfernt. Durch Variation des Schulteröffnungswinkels wurde
die Größe des belasteten Bohrungsbereiches nicht beeinflußt.

5.1. Maßänderung der Kalibrierbohrung unter dem Einfluß mechanischer Belastung

Zur Beurteilung der elastischen Werkzeugaufweitung unter Einwirkung eines
hydrostatischen Innendruckes wurde die Aufweitung der Kalibrierbohrung
am Übergang des Schulterauslaufes in die Kalibrierstrecke herangezogen.
Dies ist leicht möglich, da als Schulteraustrittsradius r = 0 mm
(scharfkantig) gewählt wurde. Bei üblichen Preßwerkzeugen ist der Fließbund (Kalibrierstrecke) ca. 2 mm breit, bis der Freischliff ansetzt.
Im Bereich des Freischliffes wird die Bohrung im Durchmesser um etwa
0,05 mm bis 0,2 mm größer gestaltet [48].

Die Belastung erfolgte mit einem hydrostatischen Innendruck p_i
zwischen dem Schulterauslauf und der Matrizenstirnfläche. In der
Kalibrierstrecke selbst bedingt die elastische Werkstückfederung möglicherweise eine kleine radiale Belastung des Fließbundes. Da diese Belastung nicht mehr als 2 % bis 3 % der gesamten radialen Werkzeugbe-
lastung ausmacht, blieb sie bei den Berechnungen unberücksichtigt.

Für eine obere Grenzbetrachtung dieser Aufweitung wurde häufig ein Innendruck von p_i = 2000 N/mm² bei den Berechnungen angesetzt, obwohl die Werkzeuge diesen hohen Druck teilweise nicht mehr schadfrei aufnehmen könnten, da die Belastbarkeit nach Berechnungen mit den Gleichungen von Adler/
Walter [10] deutlich überschritten würde.

5.1.1 Einfluß einer Längsteilung

An Matrizen mit zylindrischer Bohrung konnte gezeigt werden, daß die Lage
und Anzahl der Längsteilungen des Schrumpfverbandes auf die Bohrungsaufweitung der Matrize nur einen vernachlässigbar kleinen Einfluß ausübt. Es
bleibt zu klären, inwieweit hier die Steifigkeitsänderung der Matrize
durch die Schulter eine Rolle spielt, insbesondere bei ungeteilten Schrumpfverbänden. Hier könnte ggf. ein Einfluß durch die Axiallast der Schulter auftreten. Zur Klärung dieser Frage wurde eine ungeteilte Matrize mit dem Außen-

durchmesser D = 100 mm über 25 % und 50 % ihrer Höhe im Aufnehmerteil,
ausgehend vom Schulterauslauf, mit einem Innendruck von p_i = 2000 N/mm²
belastet. Weiterhin wurde der gleiche Schrumpfverband einfach längsgeteilt und zweifach längsgeteilt und in gleicher Weise belastet. Der Außendurchmesser des Schrumpfverbandes mit D = 100 mm blieb hierfür konstant.
Eine Aufteilung von Matrize und Armierung erfolgte nach den Festigkeitsberechnungen von Adler/Walter [10]. Die aufgebrachte Innendruckbelastung
von p_i = 2000 N/mm² kann theoretisch von keinem der Werkzeuge schadfrei
ertragen werden. Hierfür müßte der Innendruck bei einer zweifach armierten
Matrize p_i < 1600 N/mm² sein. Die Betrachtungsweise bei zu hohem Innendruck stellt den Einfluß einer Längsteilung auf die Aufweitung des Fließbundes deutlicher heraus und vermag auch evtl. Tendenzen der Einflußgrößen
besser aufzuzeigen.

Bild 35 zeigt die Aufweitung der Kalibrierbohrung am Schulterauslauf für
die beiden o. g. rel. Belastungshöhen . Die absolute Differenz dieser
Bohrungsaufweitung zwischen den beiden Extremfällen(ungeteiltes Werkzeug und
zweifach längsgeteiltes Werkzeug) liegt bei wenigen tausendstel Millime-
tern. Die maximale relative Abweichung beträgt bei einer rel. Belastungs-

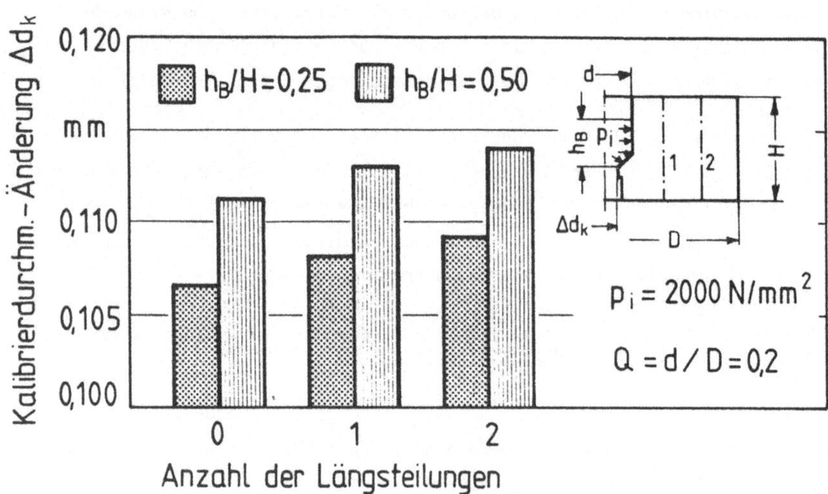

Bild 35: Einfluß der Anzahl der Längsteilungen des Schrumpfverbandes auf
dessen Aufweitung am Schulterauslauf.

höhe von h_B/H = 0,25, 2,2 % und bei einer relativen Belastungshöhe von
h_B/H = 0,50, 2,6 %. Sie ist damit als sehr klein zu bezeichnen. Mitver-
ursacht wird dieser Unterschied durch die Überlagerung von Axial- und
Radialverschiebungen im Schulterbereich. Bei mehrfach geteilten Schrumpfverbänden wird infolge der Schrumpfverbandaufteilung die Matrizenwand-
stärke dünner ausfallen, so daß sich die Matrize axial etwas mehr "auf-
staucht".

Bild 36 zeigt hier den Einfluß der Lage einer Längsteilung innerhalb eines
einfach armierten Schrumpfverbandes. Durch Änderung der radialen Lage
der Fuge (Längsteilung) wird das Verhältnis Matrizenwanddicke zur Armie-
rungsringdicke beeinflußt und damit die axiale Steifigkeit der Matrize.

Untersucht wurde ein Schrumpfverband mit dem Außendurchmesser D = 100 mm.
Eine Variation der Fugenlage erfolgte zwischen d_1 = 33,3 mm (Q_1 = 0,6) und
d_1 = 66,6 mm (Q_1 = 0,3), bei den beiden rel. Belastungshöhen
h_B/H = 0,25 und 0,50. Hinsichtlich der Innendurchmesseränderungen am Schulterauslauf bestehen keine nennenswerten Unterschiede bei den verschiedenen Fugenlagen.

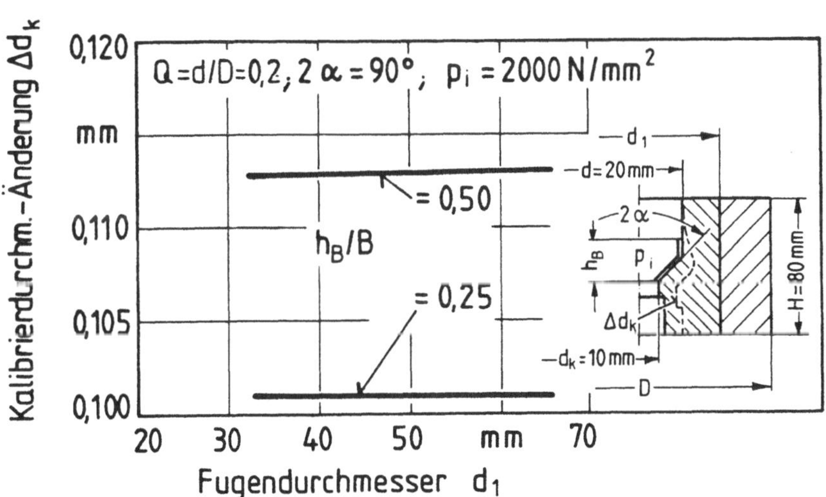

Bild 36: Maximale Aufweitung am Schulterauslauf in Abhängigkeit von der
Lage einer Längsteilung des Schrumpfverbandes.

Bei dünnwandigen Matrizen erfolgt die Axialverschiebung der oberen Matrizenstirnfläche infolge der Druckbelastung auf die Fließpreßschulter parallel zur Werkzeugauflagefläche. Dickwandige Matrizen verschieben sich unter derselben Axiallast insgesamt weniger in axialer Richtung. Allerdings tritt hier zusätzlich das bereits genannte "Kippen" der oberen Matrizenstirnfläche auf.

5.1.2   Einfluß des Innendrucks p_i

Unter einem konstanten Innendruck p_i wird innerhalb des Belastungsbereiches ein auf die Bohrungswand der Matrize hydrostatisch wirkender Druck verstanden. Dieser hydrostatische Druck wirkt auch auf die Schulter.

Bild 37 zeigt die Gegenüberstellung zweier Schultermatrizen mit dem Schulteröffnungswinkel $2\alpha = 90°$. Beide Matrizen sind über 50 % ihrer Höhe mit einem Innendruck belastet. Die Belastung erfolgt mit unterschiedlich

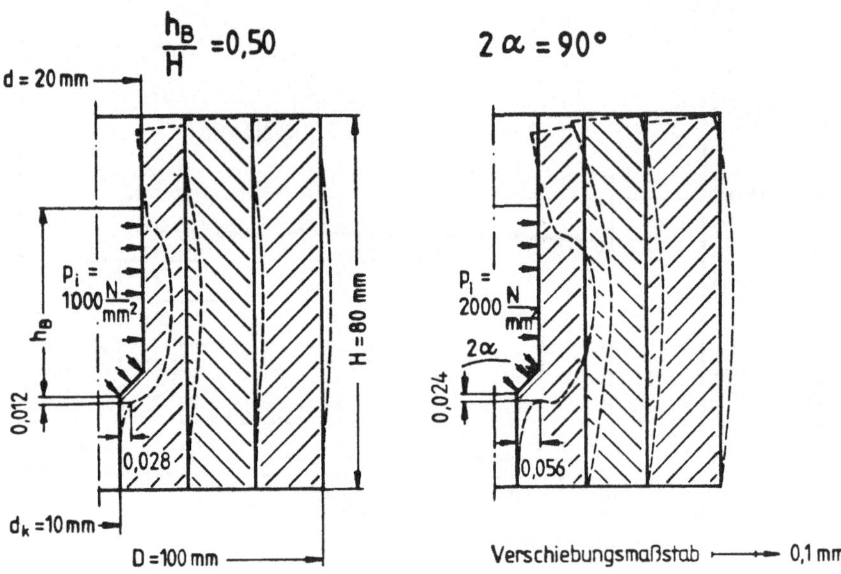

Bild 37: Beispiel einer Matrizenaufweitung bei unterschiedlich hohem Innendruck.

hohem Innendruck, p_i = 1000 N/mm² und p_i = 2000 N/mm². Die durchgezogenen
Linien zeigen den Schrumpfverband in unbelastetem Zustand und die gestrichelten Linien in belastetem Zustand.

Ein zweifach höherer Innendruck hat eine doppelt so große Radialverschiebung am Schulterauslauf zur Folge. Zusätzlich zeigt sich auch eine
Verdoppelung der axialen Verschiebung am Schulterauslauf. Durch Vergleich
der Verschiebungen entlang der gesamten Matrizenbohrung ist festzustellen,
daß sich die mit einem Innendruck von p_i = 2000 N/mm² belastete Matrize
an jeder Stelle ihrer Bohrung um das Doppelte aufweitet als die mit
einem Innendruck von p_i=1000 N/mm² belastete Matrize. Ein derartiger
Vergleich ist nur unter gleichzeitiger Berücksichtigung der sich einstellenden axialen Verschiebungen der Matrizenkontur sinnvoll.

Die innendruckbedingte Aufweitung von Matrizen mit abgesetzter Bohrung erscheint zunächst viel kleiner als die Aufweitung von Matrizen
mit zylindrischer Bohrung. Zurückzuführen ist dies auf die Erfassung
der Bohrungsaufweitung an unterschiedlichen Stellen des Belastungsbereiches. Bei abgesetzten Matrizen wurde die Bohrungsaufweitung an der
Druckraumgrenze und bei zylindrischen Matrizen die Bohrungsaufweitung
inmitten des Druckraumes herangezogen. Durch die Schulterpartie ist die
radiale Steifigkeit des Werkzeuges geringfügig höher als bei den
armierten Vergleichsmatrizen mit zylindrischer Bohrung. Diese höhere Steifigkeit ist jedoch von untergeordneter Bedeutung.

Der Übergang Schulterauslauf zum Fließbund wurde scharfkantig
(r = 0 mm) gewählt. Infolge der Belastung wird die Schulter "gestreckt".
Der Schulteröffnungswinkel 2α wird dabei etwas größer und der scharf-
kantige Übergang am Schulterauslauf wird dadurch gerundet. Es stellt sich
ein Übergangsradius von r = 2/100 mm bis 5/100 mm ein.

Unter der aufgebrachten Belastung baucht sich der gesamte Schrumpfverband
auf. Hierfür wird der Außendurchmesser des Schrumpfverbandes bei einer
Innendruckbelastung p_i = 2000 N/mm² immerhin noch um $\Delta D \approx$ 0,06 mm
größer.

Bei den Maßänderungen von Matrizenbohrung und Matrizenaußendurchmesser ist
zu beachten, daß die gestrichelten Linien keine Absolutmaße darstellen,
sondern lediglich die Verschiebungen 100fach vergrößert widergegeben.

Die Lage und Anzahl der Längsteilungen eines Schrumpfverbandes mit abge-

setzter Bohrung übt auf die radiale Aufweitung der Matrize am Fließbund
nur einen vernachlässigbar kleinen Einfluß aus. Unter Verwendung dieser
Erkenntnis und mit Annahme linear-elastischen Werkstoffverhaltens kann
für jeden beliebigen Innendruck p_i und für verschiedene Außendurchmesser D
des Schrumpfverbandes die maximale Aufweitung des Fließbundes aus Bild 38
entnommen werden. Voraussetzung ist eine relative Belastungshöhe
$h_B/H = 0,25$.

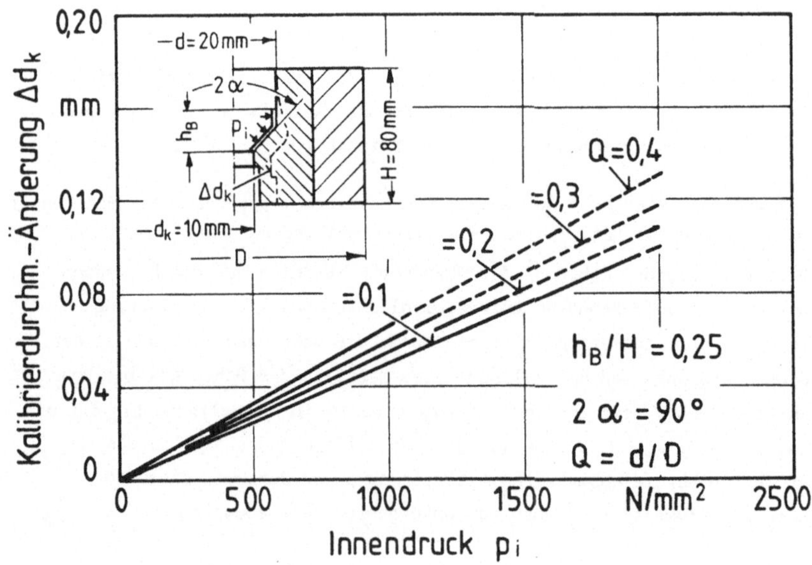

Bild 38: Zusammenhang zwischen der Änderung des Kalibrierdurchmessers und
des Innendruckes.

Werkzeuge mit größeren Außendurchmessern weiten sich aufgrund ihrer höheren radialen Steifigkeit weniger auf als Werkzeuge mit kleinen Außendurchmessern.

Eine Vergrößerung des Außendurchmessers führt besonders bei Werkzeugen
mit kleinem Außendurchmesser zu einer merklichen Steifigkeitserhöhung.
Ab einem bestimmten Innendruck p_i sind die dargestellten Kurven gestrichelt, da der Schrumpfverband mit dem entsprechenden Außendurchmesser
selbst bei zweifacher Längsteilung den angenommenen Innendruck von
p_i = 2000 N/mm² nicht mehr schadfrei ertragen könnte.

Bei einem Innendruck von p_i = 1000 N/mm² weitet sich ein Werkzeug am
Schulterauslauf mit einem Außendruchmesser D = 200 mm um Δd_k= 0,045 mm
auf, während sich ein Werkzeug mit dem Außendurchmesser D = 50 mm um
Δd_k= 0,063 mm aufweitet.

5.1.3 Einfluß der relativen Belastungshöhe h_B/H

Beim Voll-Vorwärts-Fließpressen wird das Rohteil in seiner Längsrichtung
durch den Fließpreßstempel belastet und durch die Schulteröffnung hin-
durchgepreßt. Während dieses Vorganges ändert sich der mit hohen Radial-
spannungen belastete Bereich der Matrizenbohrung mit fortschreitendem
Stempelweg.

Beim Preßvorgang nimmt die Preßkraft und damit die Belastung der Matrizenbohrung mit zunehmendem Stempelweg ab. Grund hierfür ist die mit ab-
nehmender Kontaktberührfläche kleiner werdene Reibkraft [2].

Bild 39 stellt die Simulation eines solchen Preßvorganges dar. Allerdings sind hier die radialen Belastungen auf die Wand der Matrizenbohr-
rung bei jedem dargestellten Preßstadium gleich hoch. Sie wirken im
Bereich zwischen Stempelboden und Schulterauslauf auf die Matrizenwand.
Dadurch werden für h_B/h = 0,25 zu große Aufweitungen der Matrizenbohrung, insbesondere am Ende des Preßvorganges verursacht. Die
Die Durchmesseränderung am Schulterauslauf liegt je nach Belastungshöhe
zwischen Δd_k= 0,108 mm und Δd_k= 0,102 mm. Für alle rel. Belastungshöhen h_B/H > 0,35 sind die Aufweitungen am Schulterauslauf gleich groß.
Erst bei kleiner werdenden rel. Belastungshöhen h_B/H wird der Betrag der
Aufweitungen am Schulterauslauf kleiner. Hier macht sich der Einfluß
der mit fortschreitendem Preßvorgang abnehmenden Radialkraft auf die
Matrize bemerkbar. Abgesehen von Einflüssen instationären Stoffflusses
zu Beginn des Fließpreßvorganges, wird der gefertigte Schaftdurchmesser
während des Preßvorganges kleiner. Dies stimmt mit experimentellen Ergebnissen aus dem Schrifttum [28] überein.

Die Aufweitung am Schulterauslauf ist gemessen an der Bohrungsaufweitung
(Aufnehmer) der Matrize relativ klein. Die Bohrungsaufweitung bestimmt die
Durchmessergenauigkeit am Kopf des Fließpreßteiles. Von praktischem In-
teresse ist hier nur die Aufweitung am Ende des Preßvorganges.

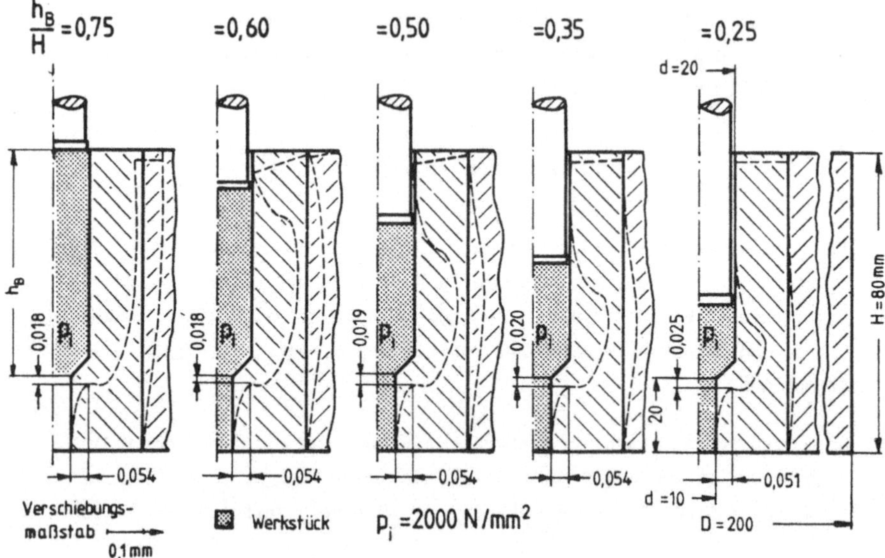

Bild 39: Simulation eines Preßvorganges durch Variation der rel. Belastungshöhe h_B/H.

Die Axialverschiebung am Schulterauslauf bleibt für alle h_B/H > 0,50
stets gleich groß. Mit kleiner werdender relativen Belastungshöhe wird
der Betrag der Axialverschiebung größer, obwohl die Axiallast auf die
Fließpreßschulter unverändert ist. Ursache hierfür ist das Zusammenwirken
von Radialverschiebungen der Bohrung und Axialverschiebungen an der Schulter. Wird die Bohrung radial nach außen gedehnt, so wird die Schulterpartie infolge der dann wirkenden radialen Zugbeanspruchung am Schultereintritt "nachgezogen".

Bild 40 zeigt für verschiedene Außendurchmesser D (Q) die radiale Aufweitung Δd_k am Schulterauslauf in Abhängigkeit von der relativen Belastungshöhe h_B/H. Die relative Belastungshöhe h_B/H ist in weiten Bereichen ohne
nennenswerten Einfluß auf die Maßänderung am Schulterauslauf, vgl.
die horizontalen Kurvenanteile für alle relativen Belastungshöhen
h_B/H > 0,5.

Mit kleiner werdenden relativen Belastungshöhen (h_B/H < 0,4) weisen dünnwandige Schrumpfverbände eine Zunahme der Bohrungsaufweitung am Schul-

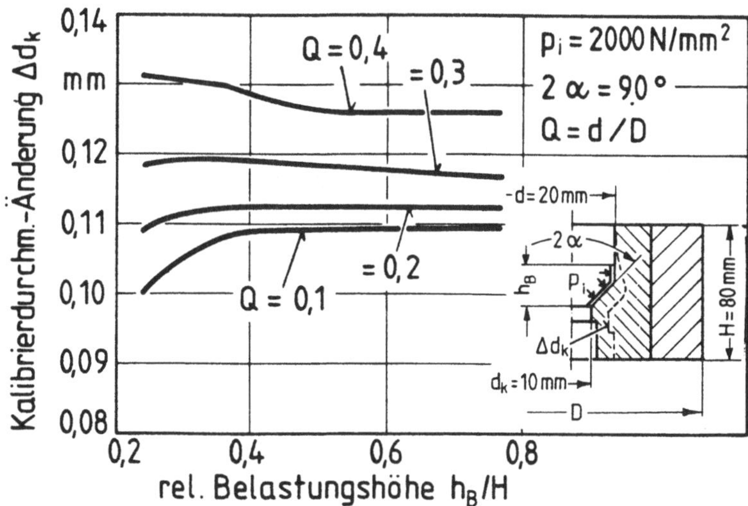

Bild 40: Einfluß der relativen Belastungshöhe auf die maximale Aufweitung der Kalibrierbohrung.

terauslauf auf, während dickwandige Schrumpfverbände hier eine Abnahme
der Bohrungsaufweitung zeigen. Dies ist auf die unterschiedlich großen
Axialverschiebungen der Matrize zurückzuführen. Schrumpfverbände mit kleinem Außendurchmesser haben in der Regel eine dünnwandigere Matrize als
solche mit größerem Außendurchmesser; dünnwandige Matrizen unterliegen im
Vergleich zu dickwandigen Matrizen bei gleicher Axialbelastung größeren
axialen Verschiebungen. Da dünnwandige Matrizen sich unter einer
Innendruckbelastung membranartig stark ausbauchen, bewirkt diese Axiallast durch das entstehende Biegemoment noch eine zusätzliche Ausbauchung.
Dies führt dann zu größeren radialen Verschiebungen im Schulterbereich
der Matrize.

5.1.4   Einfluß des Außendurchmessers D

Um den Einfluß des Werkzeugaußendurchmessers D auf die Aufweitung am
Schulterauslauf der Matrize herauszustellen, wurde der Außendurchmesser
zwischen 50 mm < D < 200 mm variiert. Für jeden zu untersuchenden Außendurch-

messer blieb die rel. Belastungshöhe h_B/H konstant. Belastet wurden die Matrizen mit einem Innendruck von p_i = 2000 N/mm². Nach den Ausführungen in Abschnitt 5.1.1 ist eine gesonderte Berücksichtigung der Längsteilung des Schrumpfverbandes nicht erforderlich. Eine Übertragung der berechneten Vergrößerung des Innendurchmessers auf ungeteilte und längsgeteilte Schrumpfverbände ist demnach möglich.

Bild 41 zeigt den Zusammenhang zwischen der Aufweitung am Schulterauslauf und dem Schrumpfverbandverhältnis Q. Ein großer Zahlenwert von Q bedeutet einen kleinen Außendurchmesser D und umgekehrt. Kleine Aufweitungen repräsentieren eine hohe radiale Werkzeugsteifigkeit. Die kleinsten Aufweitungen stellen sich bei Q = 0,1 und der niedrigsten rel. Belastungshöhe h_B/H = 0,25 ein. Insgesamt nimmt die Innendurchmesseränderung Δd_k mit größer werdendem Q nahezu linear zu. Aufgrund des in Abschnitt 5.1.3 angeführten Zusammenwirkens zwischen Radialverschiebung der zylindrischen Bohrungswand und der Axialverschiebung durch die Schulterbelastung tritt bei Q = 0,3 ein Schneiden der Kurven ein. Die Kurven für verschieden große rel. Belastungshöhen liegen eng beieinander. Dadurch wird der kleine Einfluß der rel. Belastungshöhe h_B/H auf die Bohrungsaufweitung

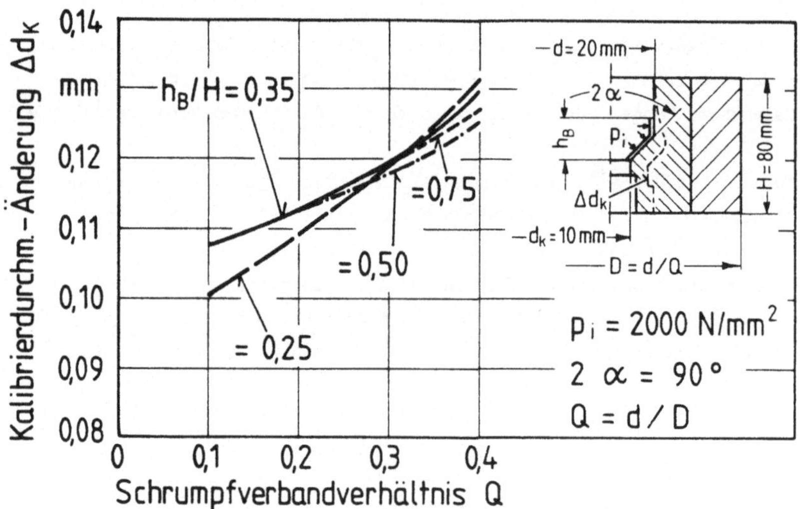

Bild 41: Kalibrierdurchmesseränderung an der Matrize bei verschiedenen Schrumpfverbandverhältnissen (Außendurchmesser).

am Schulterauslauf verdeutlicht. Für Schrumpfverbände mit kleinem Außendurchmesser Q = 0,4 ist wegen der Überlagerung von Biegung und radialer
Verschiebung der Bohrungs- und Schulterkontur hinsichtlich der rel. Belastungshöhe keine Tendenz zu erkennen. Unter der aufgebrachten
Last bauchen sich diese dünnwandigen Schrumpfverbände sehr stark aus.
In den Fugen ergeben sich entsprechend hohe axiale Relativverschiebungen
von Matrize und Armierungsring sowie zwischen den Armierungsringen.
Für Schrumpfverbände mit Außendurchmessern D < 100 mm bzw. Q > 0,2 ist
der für die Untersuchung gewählte Innendruck zu hoch.

5.1.5 Einfluß des Schulteröffnungswinkels 2α

Beim Voll-Vorwärts-Fließpressen von Stahl liegt der Schulteröffnungswinkel
2α in der Regel zwischen $40° < 2\alpha < 130°$ [2] . Hinsichtlich eines minima-
len Preßkraftbedarfes sind , in Abhängigkeit vom logarithmischen Umformgrad,
Schulteröffnungswinkel zwischen $40° < 2\alpha < 70°$ am Günstigsten. Abgesehen
hiervon wird der Schulteröffnungswinkel des Fließpreßwerkzeuges in den häufig-
sten Fällen vom Verwendungszweck und damit von der konstruktiven Gestaltung
des Bauteiles vorgegeben.

Um den Einfluß des Schulteröffnungswinkels 2α auf die Bohrungsaufweitung
am Schulterauslauf der Matrize zu bestimmen, werden Schrumpfverbände verschiedener Außendurchmesser über unterschiedlich große Bereiche der Matrizenbohrung mit einem Innendruck von p_i = 2000 N/mm² belastet.

Bild 42 zeigt am Beispiel zweifach armierter, abgesetzter Matrizen mit
den Außendurchmessern D = 200 mm (Q = 0,1) und D = 50 mm (Q = 0,4) die
Aufweitung der Matrizenbohrung für die drei untersuchten Schulteröffnungswinkel 2α = 60°, 90 °, 120 °. Der aufgebrachte Innendruck von
p_i = 2000 N/mm² wirkt über die halbe Matrizenhöhe h_B/H = 0,50.

Eine Vergrößerung des Schulteröffnungswinkels 2α bedingt eine Vergrößerung des zylindrischen Teils der Bohrung und eine Verkleinerung der
Schulterfläche. Der durch Innendruck belastete Bereich der Matrizenhöhe
h_B bleibt bei einer Änderung des Schultereinlaufwinkels stets gleich
groß, wodurch die Vergleichbarkeit der Verschiebungen gewährleistet
wird.

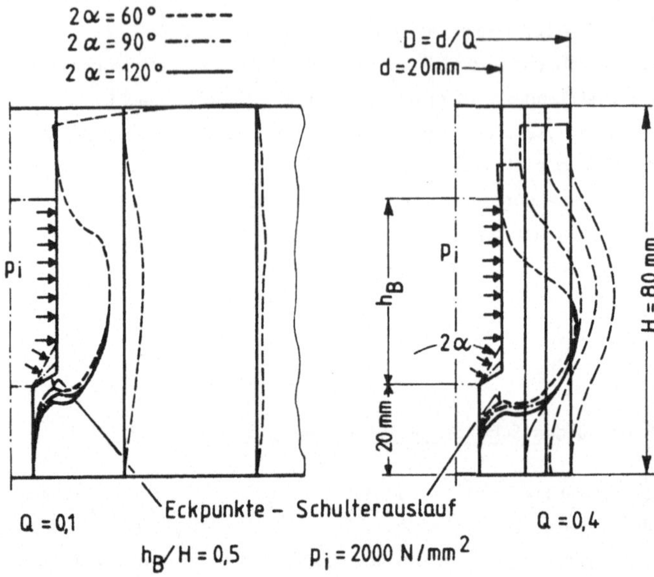

Bild 42: Aufweitung am Schulterauslauf der Matrize bei verschiedenen
Schulteröffnungswinkeln.

Für die beiden im Bild dargestellten Schrumpfverbände ergibt sich die
maximale radiale Aufweitung des Eckpunktes am Schulterauslauf bei einem
Schulteröffnungswinkel von 2α = 90 °. Bei den beiden anderen betrachte-
ten Schulteröffnungswinkeln ist die maximale radiale Aufweitung kleiner.
Anders verhält es sich bei den Axialverschiebungen des betrachteten Kno-
tenpunktes. Hier nehmen mit größer werdendem Schulteröffnungswinkel die
Axialverschiebungen zu. Darüber hinaus weist die Schulter eine axiale
Durchbiegung bei großen Winkeln (2α = 120 °) auf.

Die unterschiedlichen Konturverschiebungen infolge der Änderung des
Schulteröffnungswinkels treten besonders im Schulterbereich der Matrize
auf. Je weiter der betrachtete Konturpunkt der Matrizenbohrung vom Schultereinlauf entfernt ist, umso geringer werden die Unterschiede der Konturverschiebung. Von der Mitte des mit Innendruck belasteten Matrizenberei-
ches in Richtung obere Matrizenberandung, verlaufen die Verschiebungen

der Matrizenbohrungswand für die betrachteten Schulteröffnungswinkel
gleich.

Aufgrund der Innendruckbelastung und der damit verbundenen Axiallast auf
die Fließpreßschulter baucht sich der Schrumpfverband mit dem Außendurchmesser D = 40 mm erheblich auf. Wegen der Querkontraktion des Werkzeug-
stoffes ist damit eine Absenkung der oberen Werkzeugstirnfläche in axialer
Richtung verbunden. Die axiale Verschiebung von Matrize und Armierung
ist wegen der Axiallast auf die Fließpreßschulter der Matrize unterschiedlich groß.

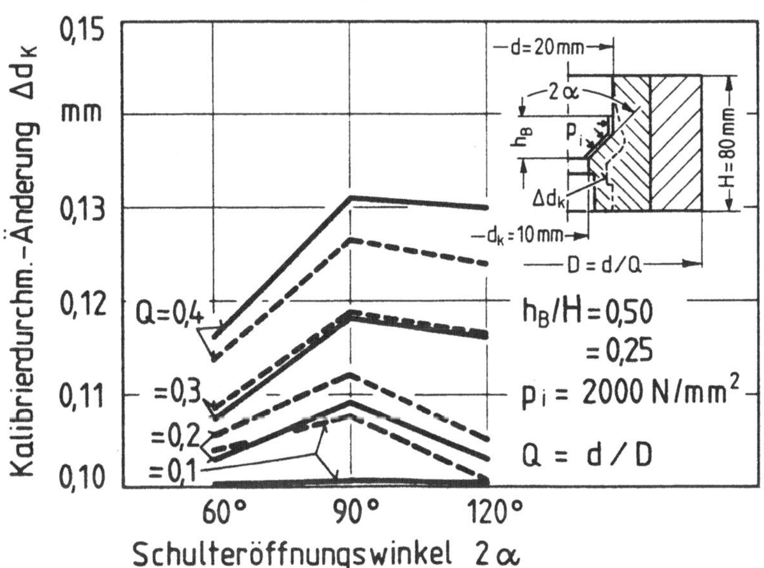

Bild 43: Aufweitung am Schulterauslauf der Matrize in Abhängigkeit vom
Schulteröffnungswinkel und des Werkzeugaußendurchmessers.

In Bild 43 sind die maximalen Durchmesseränderungen am Schulterauslauf
für die untersuchten Schulteröffnungswinkel und verschiedenen Außendurchmesser D (Q = d/D) aufgetragen.

Im Hinblick auf eine kleine Durchmesseränderung am Schulterauslauf erweist sich ein kleiner Schulteröffnungswinkel als günstig.

5.1.6   Einfluß einer Normaldruckverteilung $p_i(z)$

Im Schrifttum sind nur vereinzelt Angaben über experimentell oder analytisch gewonnene Belastungen der Matrizenbohrungswand beim Voll-Vorwärts-
Fließpressen zu finden.

Behery [64] hat mit Meßstiften die ortsabhängige Normalbelastung auf den
zylindrischen Teil der Bohrungswand gemessen. Über den Belastungsverlauf
im Schulterbereich werden dort keine Aussagen gemacht. Geiger und Steck
[65] haben mit Hilfe der Fehlerabgleichmethode die durch den Fließpreßvorgang bedingte Wandbelastung der Matrize im Bereich der Schulter berechnet. Hierbei blieb der zylindrische Teil der Matrizenbohrung unberücksichtigt.

Aufbauend auf einem theoretischen Modell von Wanheim[58] über die Reibung
bei hohen Normalbelastungen, hat Bay [66] unter Verwendung der oberen
Schrankenmethode, die Normalbelastung auf die Matrizenwand im Bereich der
zylindrischen Bohrung analytisch bestimmt. Hiernach nimmt die Belastung
der Bohrungswand, ausgehend vom Schultereintritt in Richtung Fließpreßstempel, nahezu linear zu. Lange [67] hat diesen Belastungsverlauf im
zylindrischen Bohrungsteil der Matrize mit dem theoretischen Spannungsverlauf nach Siebel [2] im Bereich der Fließpreßschulter verknüpft und
erhielt so eine Aussage über den Verlauf der ortsabhängigen Normalbelastung über die gesamte Bohrungswand der Matrize. Wird die letztgenannte
Vorgehensweise auf eine relative Belastungshöhe $h_B/H = 0,5$ eine relative
Querschnittsänderung $\varepsilon_R = 0,75$ und eine Fließspannung des Werkstückstoffes
$k_{fo} = 500$ N/mm² (z. B. legierte Stähle zum Kaltfließpressen) bezogen,
so ergibt sich der in Bild 44 dargestellte ortsabhängige Normalspannungsverlauf. Bei Betrachtung eines längeren Rohteils als 40 mm liegt eine
größere Belastungshöhe h_B vor. Der lineare Bereich des Normalspannungs-
verlaufes auf die Bohrungswand würde dann nach oben hin entsprechend zu
verlängern sein. Damit wären die Reibkräfte im zylindrischen Teil der
Bohrung berücksichtigt. Unter der in Bild 44 gezeigten vorgegebenen
Matrizenbelastung $p_i(z)$ weitet sich die Bohrung näherungsweise zylindrisch
auf. Am Schulterauslauf, hin zum Fließbund, beträgt die Durchmesseraufweitung $\Delta d_k = 0,056$ mm.

Da die Normalbelastung auf die Fließpreßschulter sehr hoch ist, findet
hier eine relativ große radiale Aufweitung statt. Zudem bewirkt diese hohe

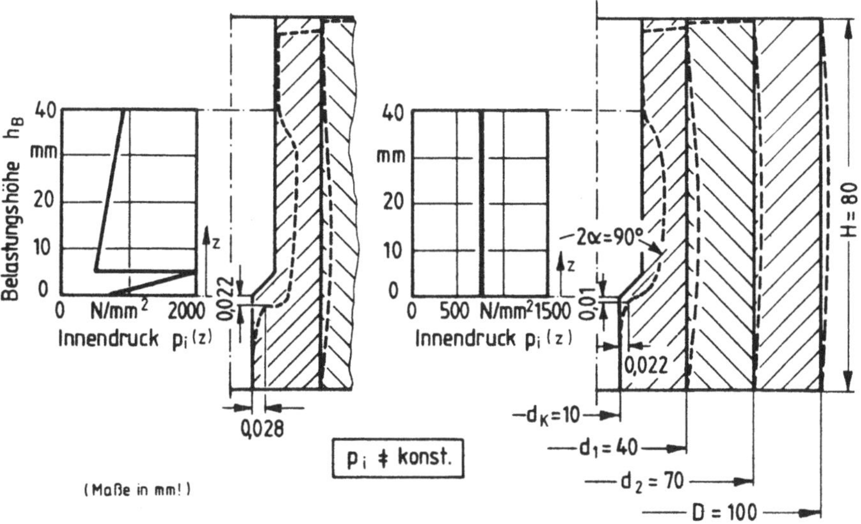

Bild 44: Gegenüberstellung der Aufweitungen bei hydrostatischer Innendruckbelastung und bei ortsabhängiger Innendruckbelastung.

Normalbelastung auch eine große axiale Verschiebung der Fließpreßschulter, $\Delta z = -0,022$ mm.

Zum Vergleich wird derselbe Schrumpfverband mit einem adäquaten hydrostatischen Innendruck p_i belastet. Damit gleiche Normalkräfte auf die
Bohrungswand der Matrize wirken, muß gelten:

$$\int_{z=0}^{z=h_B} p_i(z)\ dz = p_i \cdot h_B \tag{50}$$

Der hydrostatische "Vergleichs-Innendruck" errechnet sich zu $p_i \approx 850$ N/mm².
Unter dieser Belastung stellt sich eine Durchmesseränderung am Schulterauslauf von $\Delta d_K = 0,044$ ein. Die Bohrung weitet sich demnach an der betrachteten Stelle um ca. 27 % weniger radial auf, als bei der erstgenann-
ten Belastungsart $p_i(z)$. Dies ist auf die niedrige Schulterbelastung
bei hydrostatischer Innendruckbelastung zurückzuführen, was sich auch in
einer kleinen Axialverschiebung des Schulterauslaufes von $\Delta z = -0,01$ mm
äußert.

Im zylindrischen Teil der Bohrung ergeben sich zwischen den Belastungsarten $p_i(z)$ und p_i = konst. keine nennenswerten Unterschiede in der Bohrungsaufweitung.

5.1.7   Einfluß von Reibungskräften an der Matrizenbohrungswand

Durch den Fließpreßvorgang wirkt zwischen Werkstück und Werkzeug eine hohe Kontaktnormalspannung. Infolge dieser Kontaktnormalspannung und der Relativbewegung zwischen Werkstück und Werkzeug entstehen an der Matrizenbohrung Reibschubspannungen.

Der nach Bay [66] und Lange [67] zugrunde gelegte Normalspannungsverlauf auf die Bohrungswand der Matrize wird für die Bestimmung einer Reibschubspannung herangezogen. Beim Voll-Vorwärts-Fließpressen wird üblicherweise mit Reibzahlen zwischen $0,04 < \mu < 0,08 \ldots 0,10$ gerechnet [2] . Aus dem o. a. Normalspannungsverlauf läßt sich unter Verwendung einer oberen Reibzahl $\mu = 0,10$ mit dem Coulombschen Reibgesetz der in Bild 45

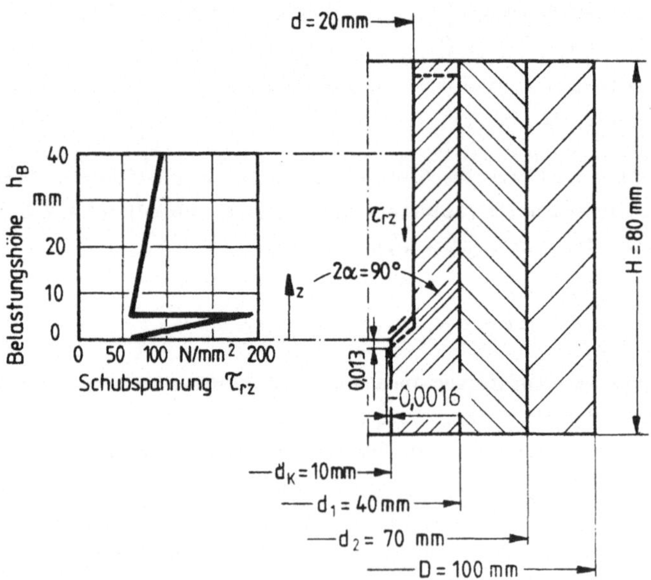

Bild 45: Einfluß einer Schubspannung (infolge Reibung) an der Bohrungswand auf die Konturänderung der Matrize.

dargestellte Schubspannungsverlauf berechnen. Die Schubspannungen beschreiben die Reibwirkung des Rohteiles an der Matrizeninnenkontur; deren Wirkrichtung ist gleichsinnig zur Bewegung des Preßstempels.

Unter der Wirkung dieser Schubspannung erfährt die Matrize eine axiale Belastung. Die axiale Belastung hat am Schultereintrittsradius ihr Maximum. Durch diese Axialbelastung wird die Schulter nach unten in Richtung Werkzeugauflage gedrückt. Der Schulteröffnungswinkel vergrößert sich hierbei geringfügig. Am Schulteraustritt nimmt der Bohrungsdurchmesser am Fließbund um $\Delta d_k \approx$ - 3 µm ab. Die Absenkung des Schulterverlaufes an dieser Stelle beträgt Δz = - 13 µm. Matrizen mit kleinerem Radialquerschnitt, z. B. bei d_1 = 30 mm, weisen aufgrund der damit verbundenen niedrigeren Axialsteifigkeit und Radialsteifigkeit größere axiale und radiale Verschiebungen der Schulter auf. Vergleichsweise würde sich bei dem angegebenen Außendurchmesser der Matrize eine Verkleinerung der Bohrung von Δd_k = - 4 µm und ein Δz = -27 µm einstellen.

In Anbetracht der für das Voll-Vorwärts-Fließpressen von Stahl verwendeten oberen Reibzahl und der relativ dünnwandigen Matrizen stellen die aufgetretenen Verschiebungen Maximalwerte dar. Wegen ihrer kleinen Beträge brauchen diese im Rahmen der Gesamtbetrachtung der Verschiebungen nicht berücksichtigt zu werden.

5.2   Maßänderung der Kalibrierbohrung unter dem Einfluß einer Temperatureinwirkung

Unter Voraussetzung der in Abschnitt 3.3.2 getroffenen Annahmen und Randbedingungen wurden die durch Temperatureinwirkung hervorgerufenen Aufweitungen der Matrizenbohrungen berechnet. Hierfür wurde an der Bohrungswand der Matrize eine Temperatur zwischen 20°C < ϑ_i < 270 °C vorgeschrieben. Diese Temperatur wirkt gleichmäßig im Bereich der Schulter und im zylindrischen Teil der Matrizenbohrung. Die Belastungshöhe h_B wurde ausgehend vom Schulteraustritt bis hin zur oberen Matrizenstirn stufenweise variiert und der Werkzeugaußendurchmesser zwischen 50 mm < D < 200 mm verändert.

Zwischen Matrize und Armierung besteht reine Wärmeleitung. Nach den Ausführungen in Abschnitt 4.2 ist dies zulässig. Anzahl und Lage von Längs-

teilungen haben auf das sich im Werkzeug einstellende Temperaturfeld keinen Einfluß und somit auch nicht auf die temperaturbedingten Verschiebungen der Werkzeugkontur.

5.2.1   Einfluß einer Temperatureinwirkung an der Matrizenbohrung

Die Temperaturverteilung im Werkzeug wurde bei der Untersuchung armierter Matrizen mit zylindrischer Bohrung umfassend dargestellt. Daher wird
hier nur anhand zweier ausgewählter Schrumpfverbände die Temperaturverteilung bei armierten Matrizen mit abgesetzter Bohrung aufgezeigt. Prin-
zipiell verlaufen die Isothermen bei abgesetzten Matrizen analog den
Isothermen bei Matrizen mit zylindrischer Bohrung. Im Bereich der Fließpreßschulter, insbesondere im engeren Umfeld, sind geringfügig anders
verlaufende Temperaturkurven zu erwarten.

Bild 46 zeigt für den kleinsten und größten betrachteten Außendurchmesser
D (Q = 0,4, Q = 0,5) je ein solches Temperaturfeld für eine Temperatur
ϑ_i = 270° C an der Bohrungswand. Der Bereich der Temperatureinwirkung
an der Matrizenbohrung erstreckt sich über 25 % der Matrizenhöhe
(h_B/H = 0,25). Bei beiden Matrizen beträgt der Schulteröffnungswinkel
2α = 90 °.

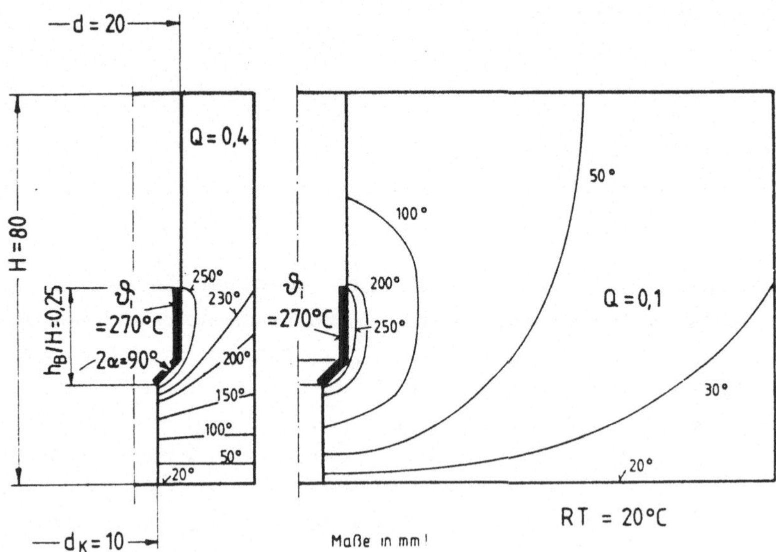

Bild 46: Beispiele für die Temperaturverteilung im Werkzeug.

Im näheren Umfeld der Schulter verlaufen die Isothermen halbschalenförmig um den Bereich der Temperatureinwirkung. Die höchsten Temperaturgradienten treten am Schulteraustritts- und am Schultereintrittsradius auf.
Am Schulteraustritt endet der Bereich der angenommenen Temperatureinwirkung. Wegen des idealen Wärmeüberganges an der Werkzeugauflagefläche
tritt hier ein hoher Temperaturgradient auf. Im Bereich des Schultereintrittsradius nimmt die Wärmestromdichte mit zunehmendem Radius ab. In
Bild 47 ist der Bereich um den Schultereintrittsradius im Detail dargestellt. Außerhalb des Radius ist die Wärmestromdichte $\dot{q}_e$ an der Systemgrenze im Bereich des Wärmeeintrittes gleich der Wärmestromdichte $\dot{q}_a$
an der Systemgrenze im Bereich der Wärmeabfuhr.

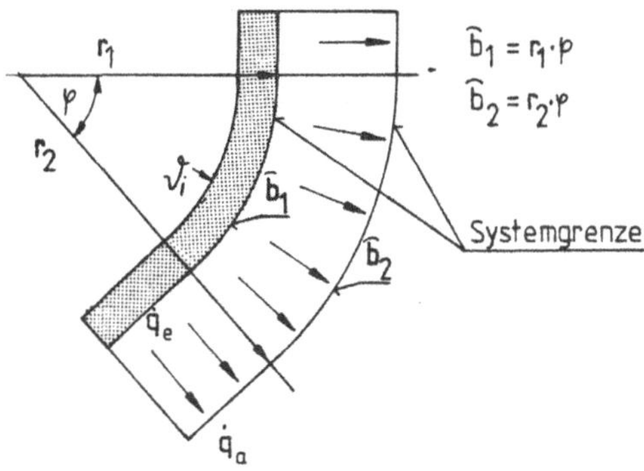

Bild 47: Wärmestromdichte im Bereich des Schultereintrittsradius.

Im Bereich des Schultereintrittsradius ist die Wärmestromdichte an der
wärmeaustretenden Systemgrenze d. h. $\dot{q}_e > \dot{q}_a$. Grund hierfür ist zu Zunahme
des wärmedurchflossenen Bereiches mit größer werdenem Radius $\hat{b}_2 > \hat{b}_1$.
Dies führt zu einer "relativen Abkühlung" des Radiusbereiches im Vergleich
zur benachbarten Schulter- bzw. Bohrungspartie, was höhere Temperaturgradienten verursacht. Daher verschiebt sich der dem Schultereintrittsradius benachbarte Teil der Schulter in axialer Richtung weniger als der
dem Schulteraustritt nahegelegene Teil. Eine Temperatureinwirkung ruft
somit eine minimale Vergrößerung des Schulteröffnungswinkels hervor,
Bild 48. Darüber hinaus geht aus diesem Bild die Konturänderung der oben
beschriebenen Werkzeuge hervor. Im Werkzeug mit dem Außendurchmesser

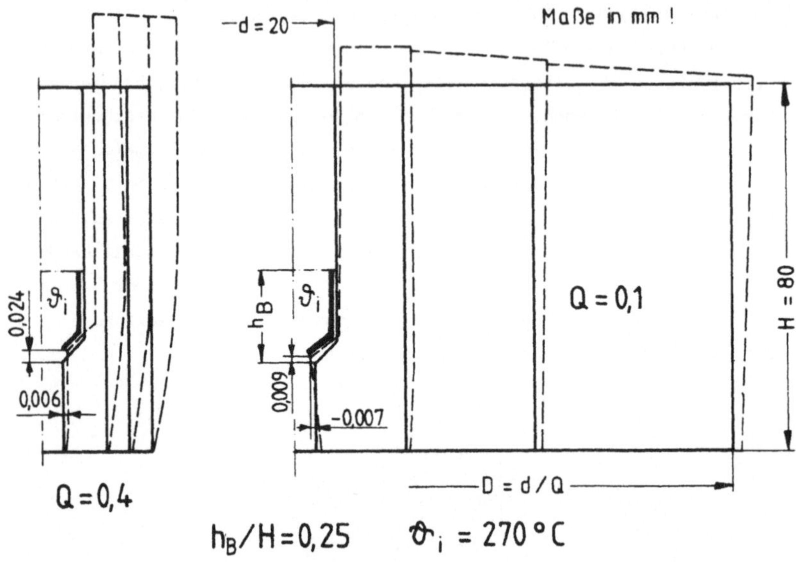

Bild 48: Beispiele für die Änderung der Werkzeugkontur infolge einer
Temperatureinwirkung an der Matrizenbohrung.

D = 40 mm liegt insgesamt ein höheres Temperaturniveau vor   als im Werkzeug mit dem Außendurchmesser D = 200 mm (Q = 0,1). Daher ist die radiale und axiale Aufweitung hier größer. Die axiale Längung, an der oberen
Werkzeugberandung gemessen, beträgt ca. 0,16 mm. Die radiale Aufweitung
des zylindrischen Teils der Bohrung, auf halber Matrizenhöhe gemessen,
beträgt Δd = 0,05 mm, während die Durchmesseraufweitungen am Schulterauslauf bei Werkzeugen mit Schrumpfverbandverhältnissen Q $\gtrless$ 0,1 als sehr
klein anzusehen sind.

Am Schulterauslauf erfährt der Schrumpfverband mit dem kleinen Außendurchmesser eine Durchmesserzunahme von Δd_k = 0,012 mm, während beim
Werkzeug mit großem Außendurchmesser eine Durchmesserabnahme von
Δd_k = - 0,014 mm eintritt. Letzteres kann mit der in Abschnitt 4.2.1 beschriebenen radialen Ausdehungsbehinderung wärmerer Werkstoffpartien
durch wesentlich kältere benachbarte Werkstoffpartien begründet werden.
Zwischen der Veränderung des Bohrungsdurchmessers am Schulterauslauf Δd_k
und der Temperaturerhöhung an der Bohrungswand der Matrize läßt sich auch

bei Schultermatrizen ein linearer Zusammenhang herstellen, vgl. Bild 49.
Für verschiedene Außendurchmesser des Schrumpfverbandes sind die Bohrungsaufweitungen am Schulteraustritt in Abhängigkeit von der Temperatur
an der Bohrungswand der Matrize dargestellt. Ist der Außendurchmesser des

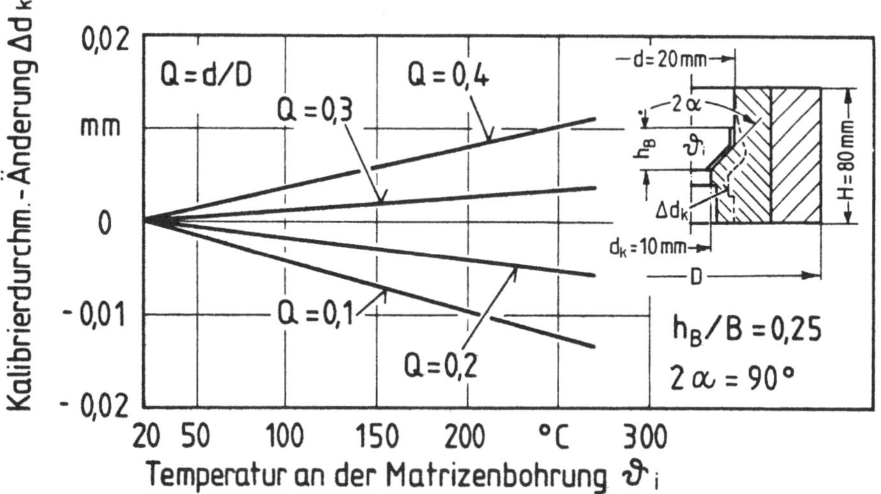

Bild 49: Änderung des Kalibrierdurchmessers infolge einer Temperatureinwirkung.

Schrumpfverbandes D = 100 bzw. Q = 200 mm, so wird sich die Kalibrierbohrung d_K mit steigender Temperatureinwirkung aus den bereits genannten
Gründen verengen. Bei kleineren Außendurchmessern des Schrumpfverbandes
hingegen tritt eine Bohrungsvergrößerung auf.

5.2.2   Einfluß der relativen Belastungshöhe h_B/H

Beim Voll-Vorwärts-Fließpressen ändert sich die relative Belastungshöhe
h_B/H mit Ablauf des Preßvorganges. Mit Ablauf des Vorganges nimmt die
relative Belastungshöhe bis auf ein Mindestmaß, welches werkstück- oder

werkzeugbedingt ist, ab. Während dieses Preßvorganges entsteht im Schulterbereich durch die Umformarbeit und Reibarbeit Wärme. Zudem entsteht
im Aufnehmerteil der Matrize Wärme infolge Kontaktreibung zwischen Werkstück und Matrize. Zu Beginn des Preßvorganges wird daher über einen
größeren Bereich der Matrizenbohrung Wärme in die Matrize eingebracht.
Damit stellt sich in der Matrize ein relativ hohes Temperaturniveau ein.
Die Wärme breitet sich zunächst radial aus. Während des weiteren Vorgangs-
ablaufes verkleinert sich der Bereich, über den die Wärme in die Matrize
fließt. Das Temperaturniveau im Werkzeug wird damit ebenfalls etwas niedriger.

Der kleinste betrachtete Bereich der Matrizenbohrung, über den Wärme in
das Werkzeug fließt, umfaßt bereits die gesamte Partie der Fließpreßschulter ($h_B/H = 0,25$). Bei Matrizen mit abgesetzter Bohrung ist der
Belastungsbereich asymmetrisch zur halben Matrizenhöhe angeordnet. Die
Temperatur wirkt auf die Bohrungswand der Matrize stets oberhalb des
Schulterauslaufes. Der Schulterauslauf liegt 20 mm von der Werkzeugauflagefläche entfernt. Aufgrund dieses konstanten Abstands zwischen der
unteren Begrenzung des Bereiches der Temperatureinwirkung und der Werkzeugauflagefläche sind die axialen Temperaturgradienten dT/dz am Schulterauslauf von der Größe der rel. Belastungshöhe weitgehend unabhängig.
Daher ändert sich der Bohrungsdurchmesser am Schulterauslauf mit abnehmendem h_B/H nur wenig. Der Außendurchmesser des Werkzeugs nimmt wegen
des direkten Einflusses des Absolutmaßes auf die temperaturbedingte
Ausdehnung mit abnehmendem h_B/H ab.

Größere rel. Belastungshöhen bewirken eine axiale Längung der Matrize und
Armierung. Diese Längung macht sich jedoch an der maßbildenden Schulterpartie noch wenig bemerkbar.

Bei Schrumpfverbänden mit großem Außendurchmesser D = 200 mm, ändert sich
der zylindrische Teil der Bohrung nur wenig unter einer Temperatureinwirkung. Bei Schrumpfverbänden mit kleinem Außendurchmesser D < 66,7 mm beträgt dagegen die Aufweitung im zylindrischen Teil der Bohrung $\Delta d = 0,04$
bis 0,05 mm (bei einer Bohrungswandtemperatur von $\vartheta_i = 270\ ^oC$).
Die Bohrung bleibt über die gesamte Höhe zylindrisch. Die Temperatur an
der Matrizenbohrung ändert sich kaum mit abnehmendem h_B/H.

In Bild 50 ist die Aufweitung am Schulterauslauf der Matrize in Abhängigkeit von der rel. Belastungshöhe h_B/H dargestellt. Über 25 % der Matrizenhöhe wirkt auf deren Bohrungswand eine Temperatur von $\vartheta_i = 270\ ^oC$ (bei

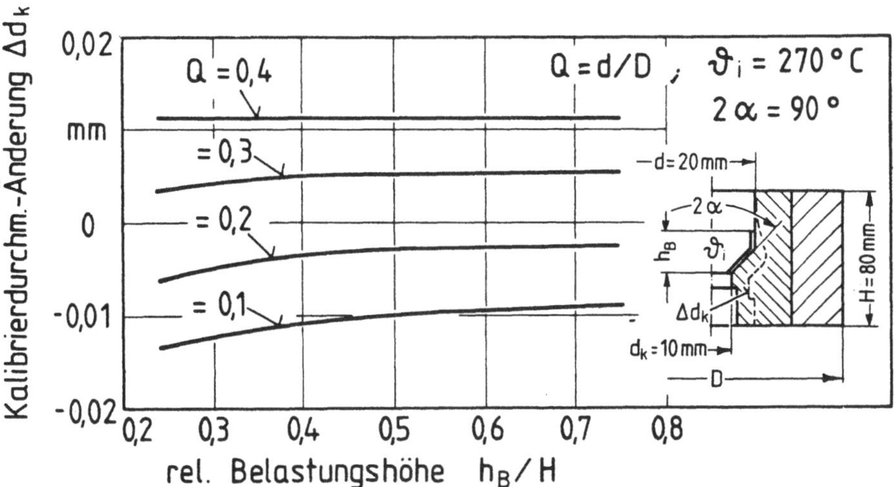

Bild 50: Einfluß der rel. Belastungshöhe h_B/H auf die Änderung des
Kalibrierdurchmessers der Matrize.

einem Schulteröffnungswinkel von 2α = 90 °). Der Außendurchmesser des
Werkzeuges ist als diskreter Parameter im Bild eingetragen. Wegen der
o. a. Gründe besteht nur ein kleiner Einfluß der rel. Belastungshöhe
h_B/H auf die Bohrungsaufweitung am Schulterauslauf. Bei Werkzeugen kleine-
rer Abmessungen(Q < 0,3) liegt aufgrund der gleichmäßigen Temperaturverteilung im Werkzeug kein Einfluß der rel. Belastungshöhe auf die Bohrungsaufweitung mehr vor. Relative Belastungshöhen h_B/H < 0,25 erscheinen
wenig sinnvoll, da die meisten gepreßten Werkstücke einen Bund dieser
Größenordnung haben.

5.2.3   Einfluß des Außendurchmessers D

Da der größte Teil der vom Werkstück in das Werkzeug eingebrachten Wärmemenge über die Auflagefläche des Schrumpfverbandes in die Werkzeuggrundplatte fließt, ist die Größe dieser Auflagefläche von erheblicher Bedeutung für die temperaturbedingte Maßänderung der Matrizenkontur. Dies hat
sich bei Matrizen mit zylindrischer Bohrung herausgestellt. Die temperaturbedingte Durchmesseränderung der Bohrung ist zudem von der absoluten
Größe des Bohrungsdurchmessers direkt abhängig.

Schrumpfverbände mit abgesetzter Matrizenbohrung haben gegenüber armierten Matrizen mit zylindrischer Bohrung bei sonst gleichem Außendurchmesser eine um die Schulterpartie größere Werkzeugauflagefläche
($\Delta A = (d_o^2 - d_k^2)\, \pi /4$).

Während bei Matrizen mit zylindrischer Bohrung der das Werkstückmaß bildende Matrizendurchmesser d = 20 mm betrug, war er bei Matrizen mit abgesetzter Bohrung nur halb so groß (d_k = 10 mm).

Zudem wurde bei Matrizen mit zylindrischer Bohrung die Bohrungsaufweitung der Matrize inmitten des relativen Belastungsbereiches erfaßt, während sie bei Schultermatrizen am Übergang vom belasteten zum unbelasteten Bereich erfaßt wurde.

Aus diesen Gründen sind die auftretenden temperaturbedingten Aufweitungen zylindrischer armierter Matrizen auf Schultermatrizen nicht direkt übertragbar.

Der Einfluß des Außendurchmessers auf die Durchmesseränderung des Matrizenfließbundes ist in Bild 51 dargestellt. Dabei wirkt an der Bohrungswand der Matrize eine Temperatur von ϑ_i = 270 °C. Die rel. Belastungshöhe h_B/H ist als diskreter Parameter in das Bild eingetragen.

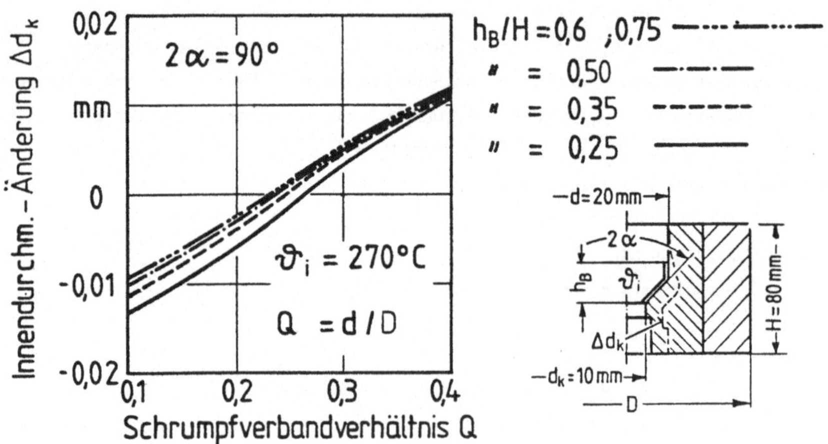

Bild 51: Einfluß des Außendurchmessers D auf die Änderung des Kalibrierdurchmessers der Matrize.

Bei kleinen Außendurchmessern des Schrumpfverbandes nimmt die Bohrungsaufweitung am Fließbund zu und beträgt bei $Q = 0,4$ etwa 0,01 mm. Hierbei
spielt die Größe der rel. Belastungshöhe h_B/H praktisch keine Rolle.
Wegen der hohen Temperaturgradienten im Schulterbereich verengt sich
bei Werkzeugen mit großem Außendurchmesser ($D = 200$ mm) der Bohrungsdurchmesser am Schulterauslauf um $\Delta d_k = -0,01$ mm. Bestimmend hierfür ist die
beschriebene Ausdehnungsbehinderung warmer Werkstoffpartien durch kältere
benachbarte Zonen. Diese wird wesentlich durch den hohen Wärmeübergang
an der Werkzeugauflagefläche und die kurze Entfernung zu dieser beeinflußt.

Insgesamt ergibt sich aufgrund der Temperatureinwirkung eine Durchmesseränderung am Schulterauslauf von $\Delta d_{max} = \pm 0,01$ mm. Dies, obwohl für stationäre
Temperaturverteilungen im Schrumpfverband eine für das Kaltfließpressen
sehr hohe Bohrungswandtemperatur $\vartheta_i = 270$ °C zugrundegelegt worden war.

5.2.4 Einfluß des Schulteröffnungswinkels 2α

Untersucht wurde der Einfluß des Schulteröffnungswinkels auf die Bohrungsaufweitung am Schulterauslauf. Dabei wurde bei konstanter Wandtemperatur
der Matrizenbohrung ($\vartheta_i = 270$ °C) der Schulteröffnungswinkel variiert
$2\alpha = 60$ °, 90 ° und 120°. Dies wurde für verschiedene rel. Belastungshöhen im Bereich $0,25 < h_B/H < 0,75$ und für verschiedene Außendurchmesser
des Werkzeuges (50 mm $< D <$ 200 mm) durchgeführt. In Bild 52 ist durch
Vergleich der Teilbilder der Einfluß des Schulteröffnungswinkels auf die
Durchmesseränderung des Fließbundes zu erkennen. Die auftretenden Unterschiede in der Aufweitung der Kalibrierbohrung sind bei den verschiedenen Schulteröffnungswinkeln sehr klein. Nennenswerte Unterschiede treten
nur beim größten untersuchten Werkzeugaußendurchmesser ($D = 200$ mm) auf.
Die kleinste Maßänderung stellt sich hier bei einem Schulteröffnungswinkel
$2\alpha = 60$ ° ein.

Bei größeren Schulteröffnungswinkeln ist die Fläche,auf welcher die belastende Temperatur wirkt, im Schulterbereich größer als bei kleinen
Schulteröffnungswinkeln. Zudem tritt bei großem Schulteröffnungswinkel
am Schultereintrittsradius eine größere Wärmestromdichte auf als bei kleinem

Schulteröffnungswinkel. Damit verbunden sind höhere Temperaturgradienten und somit höhere Radial-, Tangential- und Axialspannungsspitzen.

Die maximale auftretende Differenz der Innendurchmesser-Änderung der Kalibrierbohrung liegt zwischen dem Schulteröffnungswinkel 2α = 60 ° und 2α = 120 ° bei einem Außendurchmesser des Werkzeuges von D = 200 mm ; sie beträgt für h_B/h = 0,50 etwa 4 µm.

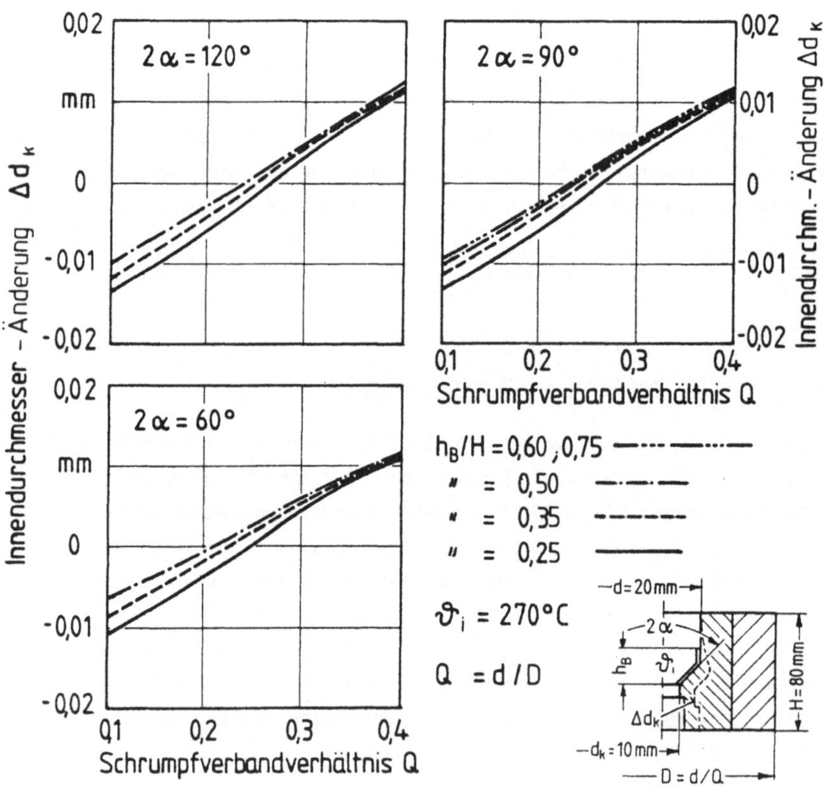

Bild 52: Einfluß des Schulteröffnungswinkels auf die Aufweitung der Kalibrierbohrung.

5.3 Maßänderung der Kalibrierbohrung durch mechanische Belastung und gleichzeitige Temperatureinwirkung

In Kapitel 5 wurden die verschiedenen Einflüsse auf die Aufweitung am Fließbund bei abgesetzten, armierten Matrizen dargestellt. Die Aufweitung am Fließbund ist mit maßgebend für die Schaftgenauigkeit des Fließpreßteiles. Bei den Untersuchungen wurde nur der oberhalb des Fließbundes liegende Bohrungsteil der Matrize mit einer Belastung versehen. Die mechanische Belastung (hydrostatischer Innendruck) und die Temperatureinwirkung an der Matrizenbohrungswand wurden jeweils getrennt aufgebracht. Durch Addition von temperaturbedingten Verschiebungen und solchen infolge mechanischer Belastung kann die Gesamtverschiebung ermittelt werden.

Bei den Berechnungen wurden Schultereintrittsradius und Schulteraustrittsradius konstant gehalten. Variiert wurde neben der Höhe der Belastung auch die Größe des Bereiches, innerhalb dessen die jeweilige Belastung wirkt. Die Berechnung der Aufweitung der Matrizenbohrung erfolgte für die Schulteröffnungswinkel 2α = 60 °, 90 ° und 120 °. Der Bohrungsdurchmesser und der Durchmesser des Fließbundes blieben bei allen Betrachtungen konstant.

Es zeigte sich, daß der Schulteröffnungswinkel nur einen unerheblichen Einfluß auf die radiale Aufweitung am Fließbund ausübt. Auch die Größe der Axialkraft, welche auf die Matrizenschulter wirkt, trägt zur radialen Matrizenaufweitung am Schulterauslauf kaum bei. Daher war es nicht sinnvoll, den Durchmesser am Fließbund zu variieren. Die Bohrungsaufweitungen infolge einer Temperatureinwirkung sind auf andere Werkzeugabmessungen nicht direkt übertragbar.

Beispiel einer Bohrungsaufweitung

Bei der Herstellung eines Schaftteiles mit Bund aus Ck 15 mit dem Bunddurchmesser d = 20 mm und dem Schaftdurchmesser d_k = 10 mm und einer Rohteilhöhe von h_o = 40 mm wirkt beim Voll-Vorwärts-Fließpressen auf die Matrizenbohrungswand die Normalspannung $p_i \approx 1400$ N/mm², vgl. VDI 3138 [63] . Zugrunde gelegt wurde ein Schulteröffnungswinkel von 2α = 90 °. Nach einer Festigkeitsberechnung wäre hierfür eine einfach armierte Matrize mit dem Außendurchmesser D = 100 mm und einem Fugendurchmesser d_1 = 51 mm erforderlich. Die Matrize und der Armierungsring müßten mit einem rel. Haftmaß ξ = 4,6 ‰ gefügt werden, vgl. VDI 3186 [5] . Nach Bild 53 weitet sich die Kalibrierbohrung zu Beginn des Preßvorganges unter dieser Last um $\Delta d_{Pk} \approx$ 0,077 mm radial auf. Am Ende des Preßvor-

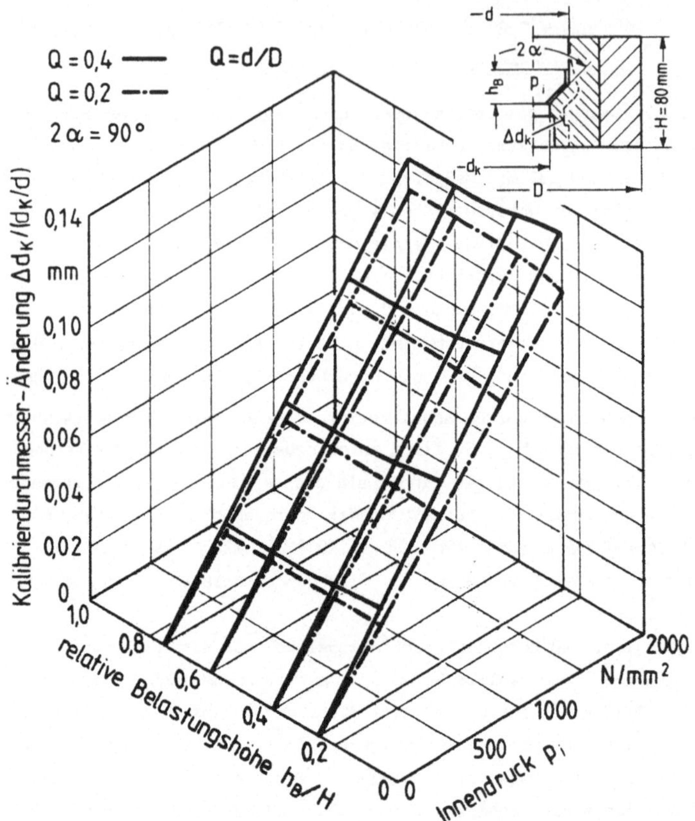

Bild 53: Maximale Durchmesseränderung des Fließbundes Δd_k armierter
Matrizen mit Schulteröffnungswinkel 2α = 90 °, bei Innendruckbelastung.

ganges $h_B/H \approx 0,20$ beträgt die Aufweitung dann noch Δd_{pk} = 0,07 mm.
Wird nun noch eine Temperatur der Matrizenwand von ϑ_i = 100 °C bei stationärer Temperaturverteilung im Werkzeug vorausgesetzt, so ist noch die
temperaturbedingte Maßveränderung des Durchmessers der Kalibrierbohrung
zu berücksichtigen. Bild 54 ergibt zu Beginn des Preßvorganges h_B/H = 0,50
eine temperaturbedingte Verengung der Kalibrierbohrung Δd_{Tk} = - 3 µm
und am Ende des Preßvorganges h_B/H = 0,20 Δd_{Tk} = - 5 µm. Demnach ist der
Temperatureinfluß sehr klein. Leykamm [28] hat bei seinen Untersuchungen fest-
gestellt, daß die Matrizenaufweitung infolge Temperatureinwirkung ungefähr
so groß ist wie die innendruckbedingte Matrizenaufweitung. Allerdings hat er
nur Matrizen mit einem relativ großen Bohrungsdurchmesser, bei niedriger
Druckbelastung der Matrizenbohrungswand untersucht.

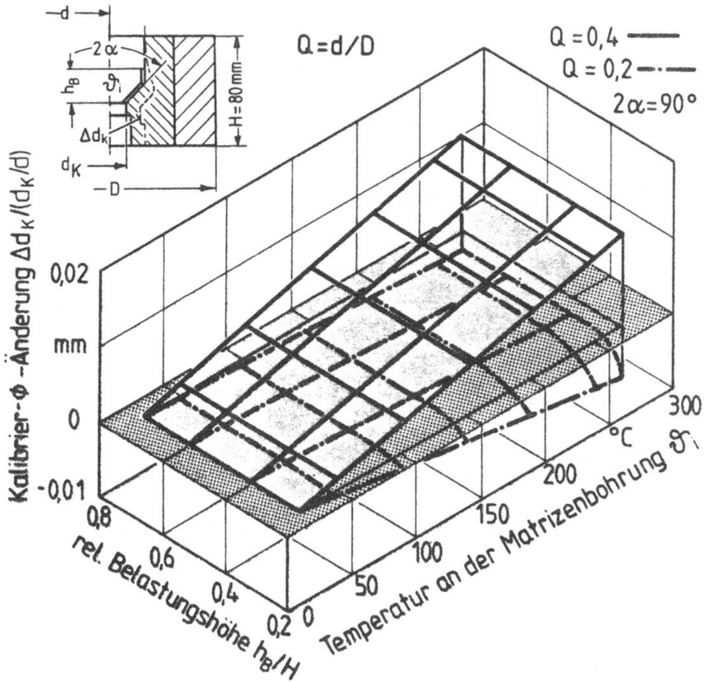

Bild 54: Maximale Durchmesseränderung des Fließbundes Δd_k armierter Matrizen mit Schulteröffnungswinkel $2\alpha = 90°$, bei Temperatureinwirkung.

Bei Verwendung einer doppelt armierten Matrize wären dann zwei Fugendurchmesser bei d_1 = 34 mm und bei d_2 = 50 mm notwendig. Hierfür wäre dann ein
Außendurchmesser von D = 67 mm erforderlich, VDI 3185 [5]. An der inneren
Fuge müßte mit einem rel. Haftmaß ξ_1 = 5,4 % und an der äußeren Fuge mit
ξ_2 = 2,8 % gefügt werden. Die Aufweitung der Kalibrierbohrung infolge der
o.g. Innendruckbelastung kann ebenfalls Bild 53 und die Maßänderung infolge
einer Temperatureinwirkung Bild 54 entnommen werden.
Die Addition der Teilaufweitungen infolge mechanischer Belastung der Matrize
und der Temperatureinwirkung ergibt Δd_k = 0,118 mm.

Um den Werkstückaußendurchmesser des Schaftes zu berechnen, ist
zusätzlich zur Matrizenaufweitung noch die elastische Auffederung des
Werkstückschaftes zu berücksichtigen sowie die Schwindung des Schaft-
durchmessers infolge Abkühlung auf Raumtemperatur nach dem Preßvorgang.
Zu berücksichtigen ist auch die Dicke der Schmierstoffschicht.
Die elastische Nachfederung des Werkstückes kann mit Hilfe der Fließspannung des umgeformten Werkstückstoffes berechnet werden.

       Spannungen in armierten Fließpreßmatrizen mit zylindrischer
        bzw. abgesetzter Bohrung

Bislang war die konstruktive Auslegung vorgespannter Fließpreßwerkzeuge
hinsichtlich der geforderten Festigkeitseigenschaften problembehaftet.
Zur Dimensionierung dieser Werkzeuge lagen nur elementare Berechnungsgrundlagen, aufbauend auf den Gleichungen von Lamé [6] vor. In jüngerer
Zeit konnten mit Hilfe der Finite -Elemente-Methode genauere Aussagen
über die Beanspruchung in Fließpreßwerkzeugen gemacht werden. Hierbei wurden vornehmlich einfach und zweifach vorgespannte Matrizen mit zylindrischer und abgesetzter Bohrung verschiedener Schulteröffnungswinkel untersucht [15, 16, 55] . Besondere Bedeutung wurde den in der Matrize in
Höhe des Stempelbodens und des Auswerfers sowie des Schultereintritts
auftretenden Spannungsspitzen zugemessen. Zugleich wurden die Einflüsse
von Armierung und Vorspannung der Matrize umfassend herausgestellt [17].

Über Spannungen, die durch örtliche Temperaturunterschiede im Werkzeug
verursacht werden, liegen für das Fließpressen und insbesondere das
Kaltfließpressen keine nennenswerten Aussagen vor. Hier muß teilweise
auf die beim Warmgesenkschmieden gewonnenen Erkenntnisse zurückgegriffen
werden[25, 68].
Aufgrund der oft sehr unterschiedlichen geometrischen Konturen und Verhältnisse beim Schmieden und Fließpressen lassen sich diese Ergebnisse
nur bedingt anwenden.

Daher werden in diesem Kapitel die Wirkungen temperaturbedingter Spannungen und innendruckbedingter Spannungen behandelt. Besondere Bedeutung
kommt der Vorspannung der Matrize zu. Da sich der Elastizitätsmodul
des Matrizenwerkstoffes im betrachteten Temperaturbereich nur wenig ändert, werden sämtliche Betrachtungen auf der Grundlage des linear-elastischen Werkstoffverhaltens durchgeführt. Damit bleiben Vorspannung, temperaturbedingte Spannung und innendruckbedingte Spannung superponierbar.

6.1   Spannungen in Matrizen mit zylindrischer Bohrung

An einem einfach armierten Schrumpfverband mit dem Fugendurchmesser
d_1 = 40 mm und dem Außendurchmesser D = 100 mm wurde der Spannungsverlauf entlang der Innenkontur der Matrize infolge einer hydrostatischen
Innendruckbelastung aufgezeigt. Die Höhe des Innendruckes wurde mit

p_i = 2000 N/mm² über 25 % der Matrizenhöhe in Matrizenmitte angenommen.

Dieser hohe Innendruck könnte jedoch nur dann vom gewählten Schrumpfverband ertragen werden, wenn das Fügen von Matrize und Armierungsring bei einem relativ hohen Haftmaß ξ = 14 ‰ erfolgte und damit eine Teilplastifizierung der beiden Ringe in Kauf genommen würde [17].

Da die Vorspannung, welche durch das rel. Haftmaß beim Fügen erzeugt wird, die Axialspannung und die Radialspannung an der Bohrungswand nicht beeinflußt und bei der Tangentialspannung nur eine Nullagenverschiebung verusacht, ist eine gesonderte Berücksichtigung der Vorspannungsverläufe für die Ermittlung der temperatur- und innendruckbedingten Spannungen nicht erforderlich. Überdies können derartige Vorspannungsverläufe aus [15, 17] entnommen werden.

Für den o. g. Schrumpfverband ist der Spannungsverlauf entlang der Innenkontur der Matrize in Bild 55 dargestellt. Der Radialspannungsverlauf erreicht im Bereich der Belastungszone den Wert des belastenden Innendruckes. Außerhalb der Belastungszone verschwindet die Radialspannung. An den Übergangsstellen treten kleine Spannungsschwankungen auf, die möglicherweise auf Konvergenzschwierigkeiten des FEM-Programmes zurückzuführen sind.

Eine Temperatureinwirkung an der Bohrungswand der Matrize ruft praktisch keine Radialspannung entlang der Innenkontur der Matrize hervor. Die Tangentialspannung ist an den Matrizenenden identisch null, da die Matrize vorspannungslos ist. Bei Vorspannung der Matirze würde die Tangentialspannung hier den "Vorspannungswert" annehmen. Bis hin zum Belastungsbereich nimmt die Tangentialspannung mit einem Exponentialverlauf zu und macht am Übergang vom unbelasteten zum belasteten Bereich wegen des mehrachsigen Spannungszustandes einen Sprung. Nach Kudo [54] beträgt der Sprung der Tangentialspannung - 2·ν· p_i. Diese Größenordnung von σ_t kann nur durch eine sehr feine Elementaufteilung (Knotenpunktsentfernungen < 0,1 mm) gefunden werden. Der maximale Spannungswert vor dem Sprung müßte theoretisch die Größe des Spannungswertes in der Mitte des Belastungsbereiches erreichen.

Eine Temperatureinwirkung im Bereich der Innendruckbelastung an der Bohrungswand der Matrize bewirkt hier eine negative Tangentialspannung. Ausgehend von den Matrizenstirnflächen steigt diese Tagentialspannung

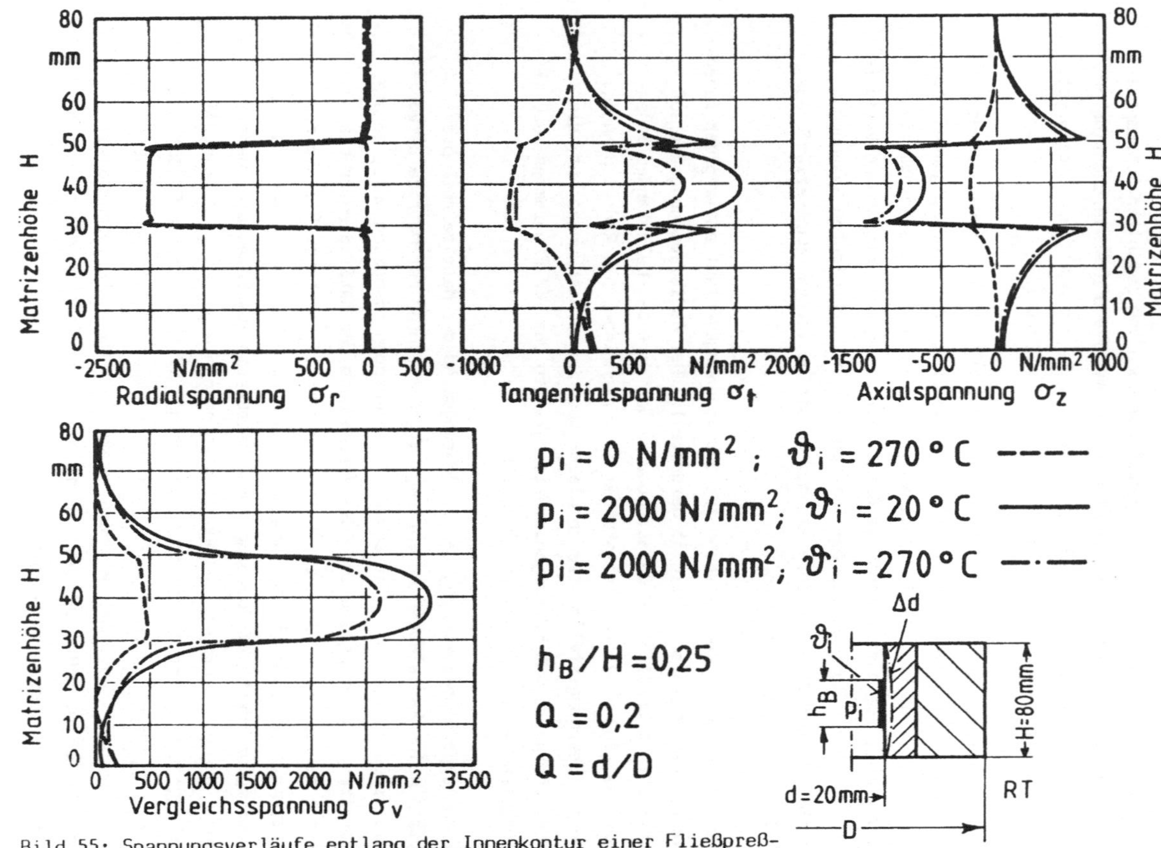

Bild 55: Spannungsverläufe entlang der Innenkontur einer Fließpreß-matrize mit zylindrischer Bohrung.

zum Belastungsbereich hin an und erreicht dort bei den getroffenen
Rand- und Übergangsbedingungen immerhin einen Spannungswert von
$\sigma_t = -600$ N/mm². Wegen des idealen Wärmeüberganges an der Werkzeugauflage
liegt das Maximum der temperaturbedingten Tangentialspannung nicht genau
inmitten des Belastungsbereiches. Zudem ist die Tangentialspannung an
der Werkzeugauflagefläche daher ungleich null. Die Überlagerung von innendruckbedingter positiver Tangentialspannung und temperaturbedingter
negativer Tangentialspannung führt zu einer Gesamtspannung, die niedriger
ist als die innendruckbedingte Spannung allein.

Die Axialspannung steigt von Null an den Matrizenberandungen bis zum
belasteten Bereich hin an, wo ein abrupter Übergang von einer Zugspannung
in eine etwa gleich große Druckspannung stattfindet. Der Spannungssprung
der Axialspannung liegt in der Größenordnung des Innendruckes. Gefähr-
lich für die Matrize sind die axialen Zugspannungsspitzen am Übergang vom
belasteten zum unbelasteten Bereich, da Matrizenwerkstoffe im allgemeinen
wesentlich höhere Druckspannungen ertragen können als Zugspannungen.
Durch die Einwirkung einer Temperatur an der Bohrungswand der Matrize
können diese hohen axialen Zugspannungen vermindert werden. In der Mitte
des Belastungsbereichs hingegen führt die Temperatureinwirkung zu einer
Erhöhung der axialen Druckbelastung, die aus den genannten Gründen jedoch für die Matrizenbelastbarkeit relativ ungefährlich ist.

Die Vergleichsspannung wurde nach der Gestaltänderungsenergiehypothese
berechnet und beginnt an den Matrizenstirnseiten mit dem Wert null. Beim
Vorliegen einer Vorspannung würde die Größe der hervorgerufenen negati-
ven Tangentialspannung den Vergleichsspannungswert an den Matrizenstirnseiten bestimmen. In der Mitte des Belastungsbereiches hat die Vergleichsspannung ihr Maximum, das im Fallbeispiel bei $\sigma_v = 3200$ N/mm²
liegt. Durch das Aufbringen einer Vorspannung könnte das Vergleichsspan-
nungsmaximum erheblich reduziert werden.

Eine Temperatureinwirkung im Belastungsbereich verkleinert ebenfalls
die kritische Vergleichsspannung über den bereits aufgezeigten Einfluß
auf die Tangential- und Axialspannung.

Bild 56 zeigt die Spannungsverläufe in einem radialen Schnitt durch die
Mitte des Schrumpfverbandes.

Die innendruckbedingte Radialspannung erreicht an der Bohrungswand der
Matrize den Wert des Innendruckes und fällt mit zunehmendem Radius exponen-
tiell ab. Am Außenrand ist sie identisch Null (durchgezogene Kurve).
Der Radialspannungsverlauf infolge der Temperatureinwirkung ist jeweils an der Matrizenbohrung und am Außenrand des Armierungsringes Null,
während er beim Radius $r \approx 22$ mm sein Maximum hat (gestrichelte Kurve).
Dieses Maximum fällt ungefähr mit der Lage der Fügestelle zusammen.
Die temperaturbedingte Radialspannung weist einen tendenziell ähnlichen
Verlauf auf, wie er bei einer Vorspannung der Matrize auftritt. Damit
steigert eine Erwärmung der Bohrungswand der Matrize die Vorspannungs-
wirkung und erhöht scheinbar das Haftmaß. Dies zeigt sich auch im
Tangentialspannungsverlauf der Matrize. Am Innenrand der Matrize entsteht
eine tangentiale Druckspannung, die im Fallbeispiel bei ca. $- 550$ N/mm^2
liegt. Sie fällt mit zunehmendem Radialabstand exponentiell ab. Die Innendruckbelastung ruft an der Matrizenbohrungswand tangentiale Zugspannungen
hervor (durchgezogene Kurve), die durch eine zusätzliche Temperatureinwirkung an der Bohrungswand reduziert werden.

Bei der Axialspannung hingegen führt eine Temperatureinwirkung zu einer
Erhöhung der axialen Druckspannung, die an der Bohrungswand durch die
Innendruckbelastung verursacht wird. In jedem radialen Querschnittspunkt
haben temperaturbedingte und innendruckbedingte Axialspannungen gleiches
Vorzeichen, so daß hier die Spannung bei überlagerter thermischer und
mechanischer Belastung stets höher ist als die jeder der beiden Einzel-
spannungen.
Insgesamt jedoch zeigt sich beim Verlauf der Vergleichsspannung eine Ver-
minderung dieser durch die thermomechanische Belastung gegenüber der
reinen Innendruckbelastung. Insbesondere ist dies im kritischen Belastungsbereich an der Matrizenbohrungswand der Fall. Voraussetzung hierfür ist, daß die Werkstoffkennwerte wie Elastizitätsmodul und Querkontraktion sowie die Festigkeitsgrenzen sich im betrachteten Temperaturbereich nur wenig oder gar nicht ändern.

Selbst unter Mitführung der Temperaturabhängigkeit der Stoffwerte ergab
sich bei Berechnung der Vergleichsspannungen an Schmiedegesenken eine
niedrigere Spannung bei überlagerter thermischer und mechanischer Belastung
als bei rein mechanischer Belastung [25].

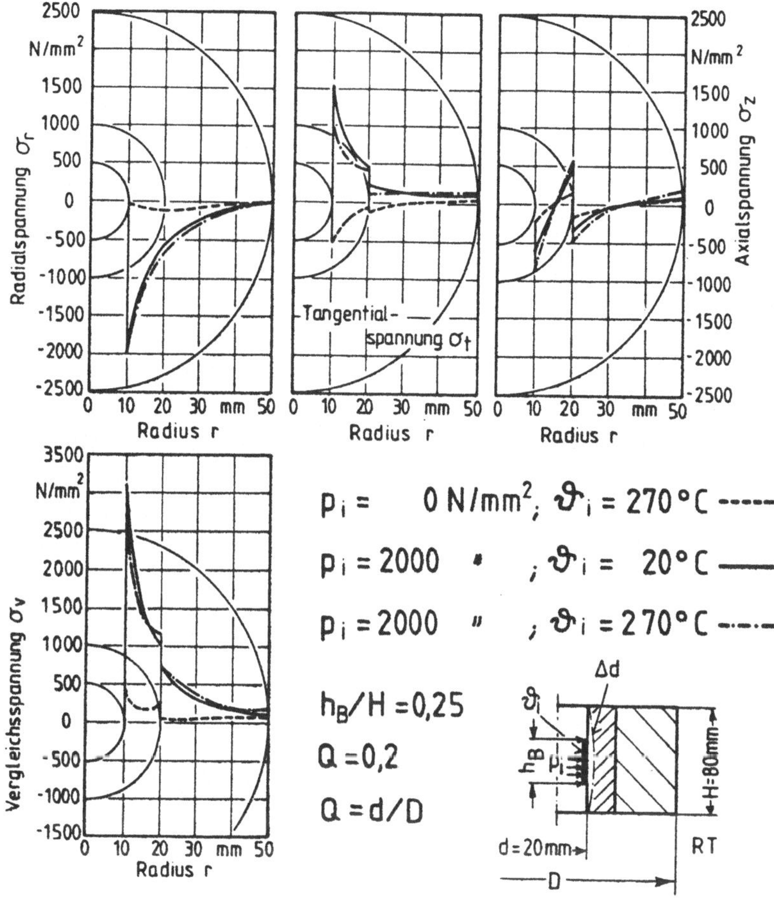

Bild 56: Spannungen in einer armierten Fließpreßmatrize in einem radialen Schnitt auf halber Matrizenhöhe.

6.2 Spannungen in Matrizen mit abgesetzter Bohrung

Bei Matrizen mit abgesetzter Bohrung wird die Geometrie des Schulter-
bereiches durch den Schulteröffnungswinkel, die Querschnittsabnahme
sowie den Schultereintritts- und Schulteraustrittsradius beschrieben.
Bis auf den Schulteraustrittsradius üben alle diese Größen einen merklichen Einfluß auf den Beanspruchungsverlauf der Matrize im Schulterbereich aus. Die maximale Belastung der Matrize tritt grundsätzlich
am Schultereinlaufradius auf. Außerhalb des Fließpreßschulterbereiches
entspricht der Beanspruchungszustand dem einer Matrize mit zylindrischer
Bohrung (Bild 57).

Die Radialspannung nimmt entlang der Matrizeninnenkontur im Bereich der
Belastungszone den Wert des hydrostatischen Innendruckes an. Über der
Fließpreßschulter sinkt die Radialspannung mit einer Unstetigkeit auf den
Wert Null am Schulterauslauf ab. Die Höhe des Radialspannungssprunges
über der Fließpreßschulter hängt wesentlich von der Höhe des Innendruckes
und dem Schulteröffnungswinkel ab. Je kleiner der Schulteröffnungswinkel,
desto kleiner der Radialspannungssprung.

Infolge einer Temperatureinwirkung entstehen im Bereich der Fließpreßschulter radiale Druckspannungen, die am Schultereinlauf ein Maximum haben
und bis zum Schulterauslauf auf Null abnehmen. Im Bereich des Schulterein-
laufes treten wegen der höheren Wärmeabfuhr im Radius hier die maximalen
Druckspannungen auf. Außerhalb der Fließpreßschulter ist die temperaturbedingte Radialspannung entlang der Matrizeninnenkontur identisch null.

Der Tangentialspannungsverlauf infolge der Innendruckbelastung weist am
Schultereinlauf und am Schulterauslauf ein relatives Zugspannungsmaximum
auf. Am Schultereinlauf beeinflußt die Größe des Schultereinlaufradius
diese Spannungsspitze, während die Spannungsspitze am Schulterauslauf
durch das Ende des Belastungsbereiches verursacht wird.

Durch die Temperatureinwirkung entstehen tangentiale Druckspannungen, die
innerhalb des Belastungsbereiches nahezu einen konstanten Wert annehmen.
Die tangentiale Spannung infolge überlagerter thermischer und mechanischer
Belastung an der Bohrungswand der Matrize liegt daher um den Betrag der
temperaturbedingten Spannung niedriger als die durch den angenommenen
Innendruck auftretende Tangentialspannung.

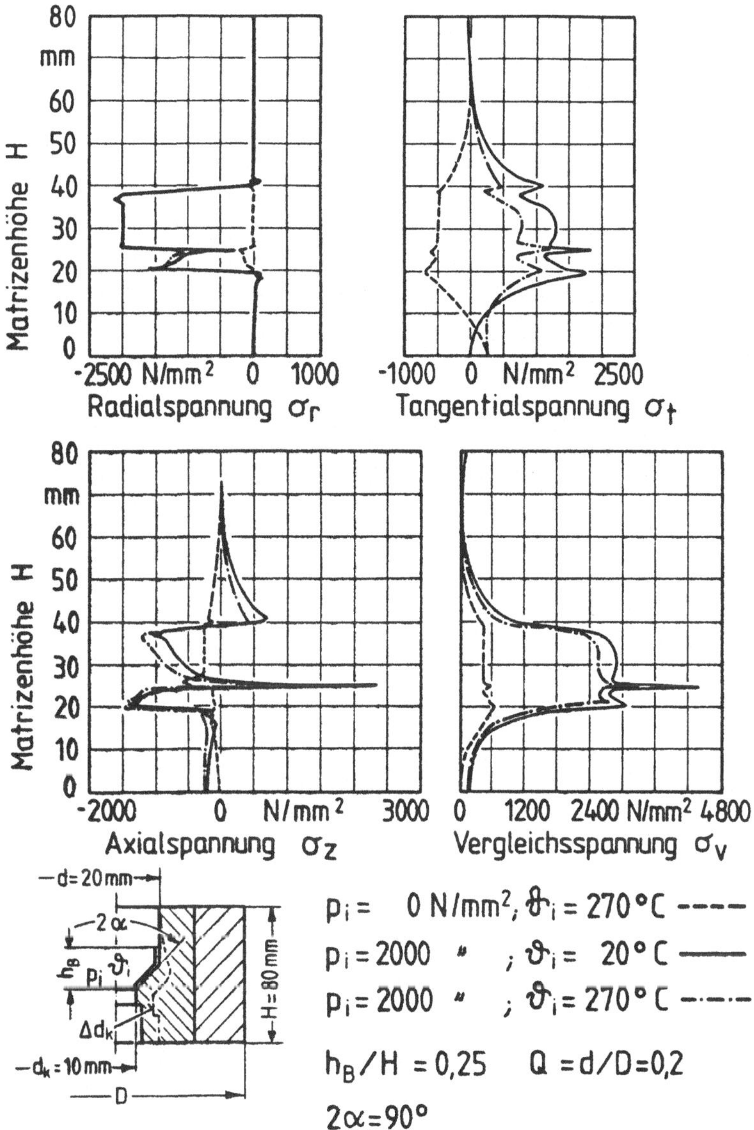

Bild 57: Spannungsverläufe entlang der Innenkontur einer Fließpreßmatrize mit abgesetzter Bohrung.

Beim Axialspannungsverlauf verursacht die Innendruckbelastung am Schultereinlauf eine sehr hohe Zugspannungsspitze, die bei Kaltfließpreßwerkzeugen in diesem Bereich häufig zu Querrissen führt. Da die Temperatureinwirkung am Schultereinlaufradius eine Druckspannungsspitze hervorruft, liegt die unter kombinierter thermischer und mechanischer Beanspruchung auftretende Spannungsspitze niedriger als die unter reinem Innendruck. Da beim Kaltfließpressen eine kombinierte thermische und mechanische Belastung vorliegt, führt die Dimensionierung des Preßwerkzeuges unter der Annahme einer Innendruckbelastung zu Werkzeugen, die überdimensioniert sind. Dies wird durch den Vergleichsspannungsverlauf deutlich.

Grundsätzlich ist die Beanspruchung der Matrize infolge Temperatureinwirkung und Innendruckbelastung niedriger als bei reiner Innendruckbelastung. Verstärkend wirkt die mit der Temperatureinwirkung verbundene "scheinbare" Erhöhung des rel. Haftmaßes.

7   Berechnungsschaubilder

Die gewonnenen Einzelergebnisse und Abhängigkeiten der am Werkstück maßbildenden Bohrungsaufweitung der Matrize sind in Berechnungsschaubildern
zusammengefaßt dargestellt. Damit ist eine schnelle Ermittlung der Bohrungsaufweitung der Matrize unter Innendruckbelastung und Temperatureinwirkung möglich.

Alle Berechnungsschaubilder basieren auf der Annahme linear-elastischen
Werkstoffverhaltens, sowohl bei einer Innendruckbelastung als auch bei
einer Temperatureinwirkung an der Matrizenbohrungswand. Der Teil der
Nomogramme, der die Temperaturausdehnungen der Matrizen angibt, hat
für alle Bohrungsdurchmesser wie sie beim Kaltfließpressen von Stahl
üblich sind, Gültigkeit. Weitere Grundlage ist die Voraussetzung einer
stationären Temperaturverteilung im Fließpreßwerkzeug.

Beim Fügen von Matrize und Armierung mit einem vorgegebenen Haftmaß
wird der Bohrungsdurchmesser der Matrize kleiner. Mit Hilfe eines Nomogrammes kann diese Änderung des Bohrungsdurchmessers in Abhängigkeit vom
Gesamtdurchmesser des Werkzeuges und dem Fugendurchmesser ermittelt werden.
Mit einem weiteren Nomogramm kann die Änderung des Bohrungsdurchmessers
unter Innendruckeinwirkung und Temperatureinwirkung für verschieden
große Belastungsbereiche bei symmetrischer und asymmetrischer Lage des
Belastungsbereiches an Matrizen mit zylindrischer Bohrung bestimmt werden.
Darüber hinaus ist dies auch für Matrizen mit abgesetzter Bohrung bei ver-
schiedenen Schulteröffnungswinkeln möglich.

Die Nomogramme zur Ermittlung der Durchmesseränderung der Matrizenbohrung
unter mechanischer und thermischer Belastung sind sowohl für ungeteilte
als auch für mehrfach längsgeteilte Schrumpfverbände anwendbar.

7.1   Maßänderung der Matrizenbohrung an <u>Fließpreßmatrizen mit</u>
         <u>zylindrischer Bohrung</u>

Den zahlreichen Berechnungen, deren Ergebnisse in den nachfolgenden Nomo-
grammen zusammengefaßt sind, liegt ein Elastizitätsmodul für Matrize und
Armierung von E = 210000 N/mm² und eine Poissonzahl von ν = 0,3 zugrunde.
Die Größe des hydrostatisch wirkenden Innendruckes und der Belastungs-
bereich wurden variiert. Zu sämtlichen Nomogrammen sollte parallel eine
Festigkeitsbetrachtung nach Krämer [15] erfolgen; denn erst durch das
Verknüpfen einer festigkeitsmäßigen Werkzeugdimensionierung und einer
Aufweitungsbetrachtung des Werkzeuges ist eine gezielte Werkzeugauslegung
möglich.

Mit den Nomogrammen kann auch die temperaturbedingte Ausdehnung der
Matrize ermittelt werden. Den Berechnungen lag eine Wärmeleitfähigkeit
von λ = 20 W/(mK) und ein Längenausdehnungskoeffizient von α_l = $11 \cdot 10^{-6}$ 1/K
zugrunde. An der Werkzeugauflagefläche wurde ein idealer Wärmeübergang,
und für den Wärmeübergang zur umgebenden Luft freie Konvektion angenommen. Bei räumlichen Stoffwerten wurden die geringfügigen Temperaturab-
hängigkeiten der Stoffwerte im betrachteten Temperaturbereich vernach-
lässigt.

7.1.1   Maßänderung beim Fügen von Matrize und Armierung

Bei der Werkzeugherstellung werden bislang Matrize und Armierungsring
zunächst vorbearbeitet und wärmebehandelt. Anschließend werden Matrize
und Armierungsring geschliffen. Hier ist insbesondere das Schleifen der
Fügeflächen wichtig. Matrizen mit konischer Mantelfläche werden in den
Armierungsring eingepreßt, während bei Matrizen mit zylindrischer Mantelfläche der Armierungsring aufgeschrumpft wird. Durch das Fügen bei
einem bestimmten Haftmaß wirken auf den Matrizenaußenmantel radial
nach innen gerichtete Kräfte. Unter dieser Belastung federt die Matrizenbohrung zusammen, was sich in einem kleineren Bohrungsdurchmesser nach
dem Fügen bemerkbar macht. Erst jetzt wird die Matrizenbohrung auf das
gewünschte Maß geschliffen.

Hochlegierte Werkzeugstähle, insbesondere auch Schnellarbeitsstähle,
sind im allgemeinen nur schwach anisotrop. Die Anisotropie wirkt sich bei
kleiner Bohrungsabmessung des Werkzeuges daher praktisch kaum aus. Bei
genauer Kenntnis der Bohrungsverkleinerung durch den Fügevorgang kann
deshalb der Bohrungsdurchmesser bereits vor dem Fügen mit entsprechender Vorverzerrung fertig geschliffen werden. Damit kann ggf. eine
Maschinenaufspannung des Werkzeuges auf die Schleifmaschine entfallen.

Mit Bild 58 kann die Durchmesserverkleinerung der Matrize beim Fügen
bestimmt werden. Das eingezeichnete Fallbeispiel bezieht sich auf einen
Schrumpfverband mit dem Bohrungsdurchmesser d = 20 mm und dem Außendurchmesser D = 100 mm. Der Fugendurchmesser wurde zu d_1 = 50 mm gewählt. Mit
dem bezogenen Fugendurchmesser Q_1 = d/d_1 = 0,4 wird im rechten Teil
des Nomogrammes, ausgehend von der Abszisse, bis zum Schnitt mit der Kurve Q = d/D = 0,2 hochgefahren. Durch vertikales Abtragen des gewonnenen
Schnittpunktes auf die Kurve mit dem gewünschten rel. Haftmaß im linken
Teil der Darstellung kann die relative Innendurchmesserverkleinerung

der Matrize ermittelt werden. Im genannten Fallbeispiel und für ein rel.
Haftmaß $\xi = 6\ \%_0$ beträgt diese $\Delta d = 0,09$ mm.

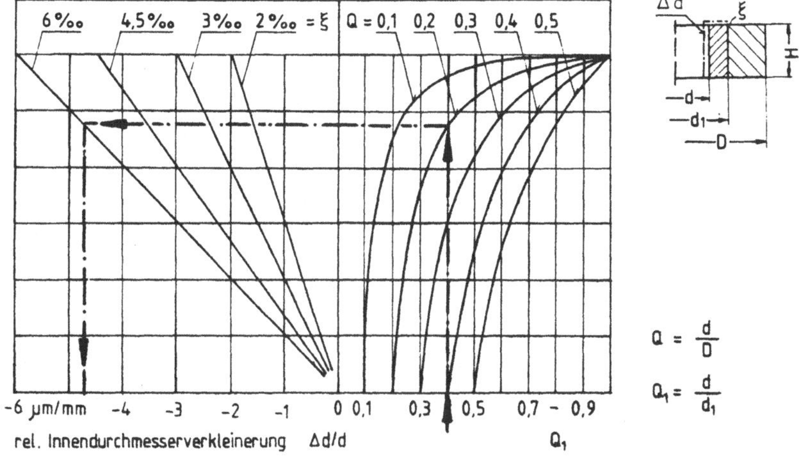

Bild 58: Änderung des Bohrungsdurchmessers durch den Fügevorgang von
Matrize und Armierungsring.

Durch Wiederholen dieses Vorganges kann auch die Verkleinerung des Bohrungsdurchmessers beim Fügen einer zweifach armierten Matrize gefunden
werden. Hier wird auf nomographischem Wege zuerst die Innendurchmesserverkleinerung d_1 von Matrize und erstem Armierungsring nach o. a.
Beispiel gefunden. Anschließend wurden Matrize und Armierungsring als
eine "starre" Einheit betrachtet (quasi wieder als Matrize und nach o. g.
Beispiel der zweite Armierungsring gefügt) was zu einer weiteren Innendurchmesserverkleinerung Δd_2 führt. Die Summe aus Δd_1 und Δd_2
beschreibt dann die gesamte Verkleinerung des Bohrungsdurchmessers der
Matrize durch den Fügevorgang.

Das dargestellte Nomogramm hat für sämtliche Fügevorgänge, bei Werkstoffen mit vorgenanntem Elastizitätsmodul Gültigkeit. Darüber hinaus ist
der Fügevorgang von der Höhe und den absoluten Durchmessern des Werkzeuges weitgehend unabhängig.

7.1.2 Maßänderung der Matrize durch mechanische Belastung und gleichzeitige Temperatureinwirkung

Mit Hilfe von Bild 59 kann die Änderung des Bohrungsdurchmessers von vorgespannten Matrizen mit zylindrischer Bohrung bei symmetrischer Matrizenbelastung ermittelt werden. Die Anzahl der Längsteilungen des Schrumpfverbandes sowie die Höhe der relativen Haftmaße, mit denen gefügt wurde,
ist dabei unerheblich.

Bei der Erstellung des Nomogrammes blieben Aspekte der Werkzeugfestigkeit
unberücksichtigt. Mit dem Nomogramm können die Aufweitungen der Matrizenbohrung sowohl unter rein mechanischer Matrizenbelastung als auch unter
rein thermischer Matrizenbelastung und unter kombinierter thermischer und
mechanischer Belastung ermittelt werden. Der obere Teil des Nomogrammes beschreibt die temperaturbedingte Bohrungsaufweitung,während der untere Teil
die Bohrungsaufweitung der Matrize infolge Innendruckbelastung beschreibt.
Im Fallbeispiel soll die Bohrungsaufweitung der Matrize bei einem
Schrumpfverband mit dem Innendurchmesser d = 20 mm und dem Außendurchmesser D = 100 mm unter kombinierter thermischer und mechanischer Belastung
herausgefunden werden. Hierzu wird angenommen, daß die Matrize symmetrisch
mit einem Innendruck von p_i = 1250 N/mm² und einer Temperatur an der Matrizenbohrungswand von ϑ_i = 250 °C belastet wird. Die Belastung wirkt über
25 % der Matrizenhöhe.

<u>Vorgehensweise:</u>

Da die Temperatur an der Matrizenbohrungswand über 25 % der Matrizenhöhe
wirkt, wird bei h_B/H = 0,25 in das Teilbild links oben gegangen und vertikal auf die Kurve Q = 0,2 gefahren. Von diesem Schnittpunkt aus wird
horizontal nach rechts bis an die Begrenzung des zweiten Teilbildes gefahren. Parallel zu den "Temperaturstrahlen" im zweiten Teilbild wird
eine Linie solange rückwärts zum Ursprungspunkt der "Temperaturstrahlen"
gezogen, bis sie sich mit der Vertikalen der gewünschten Temperatur an
der Matrizenbohrung schneidet. Im Beispiel ist ϑ_i = 250 °C. Jetzt wird
mit einer horizontalen Linie bis zur Spiegelgeraden im Teilbild 3 gefahren und der gewonnene temperaturbedingte Aufweitungsanteil der Matrize
auf die Abszisse in Teilbild 6 übertragen. Damit wurde nun diejenige
Gerade in Teilbild 6 herausgefunden, welche nachher mit der Hilfslinie,
die den innendruckbedingten Aufweitungsanteil der Matrizenbohrung beschreibt, zum Schnitt gebracht wird.

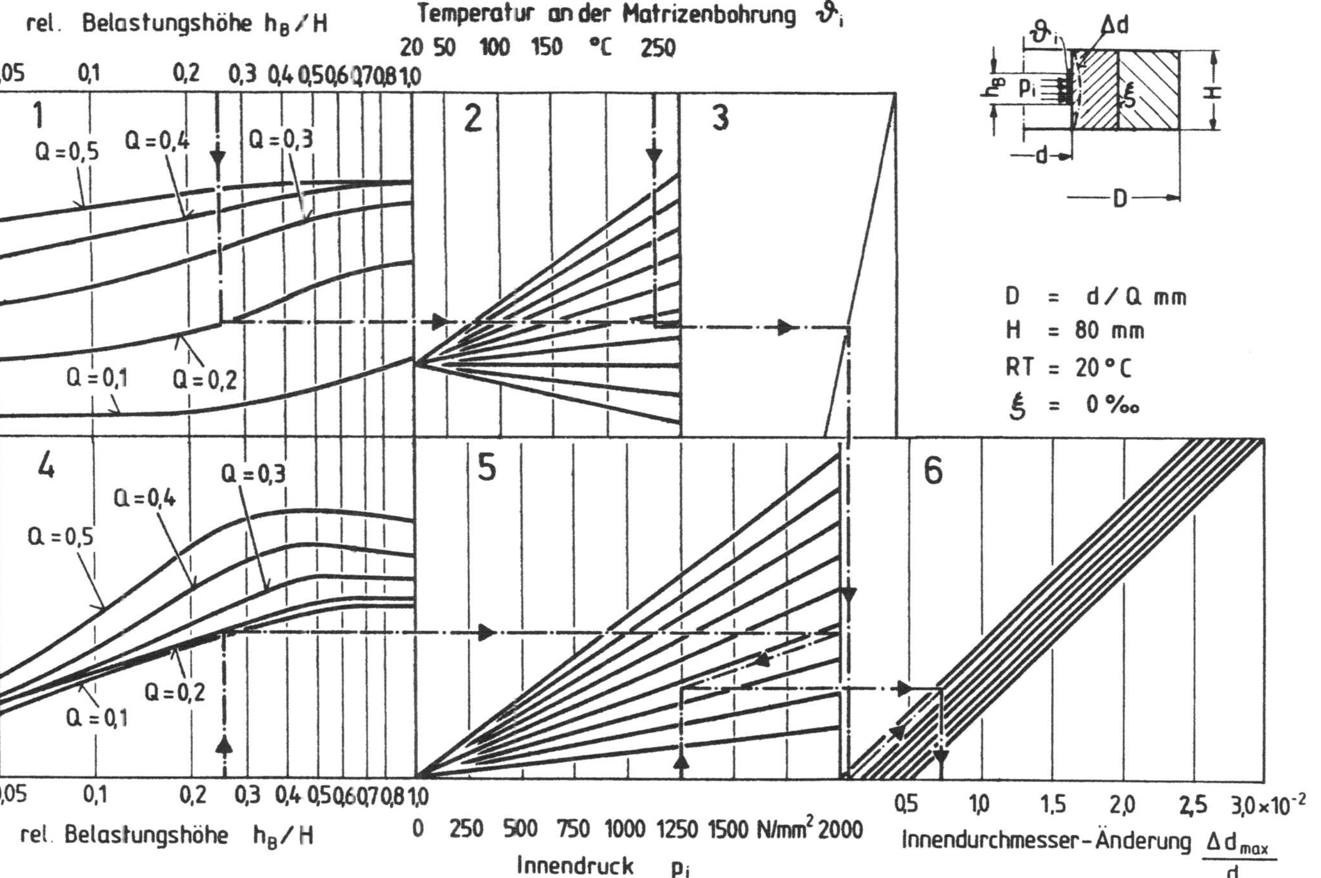

Bild 59: Maximale Aufweitung der zyl. Matrizenbohrung infolge thermischer u. mechanischer Belastung in Matrizenmitte.

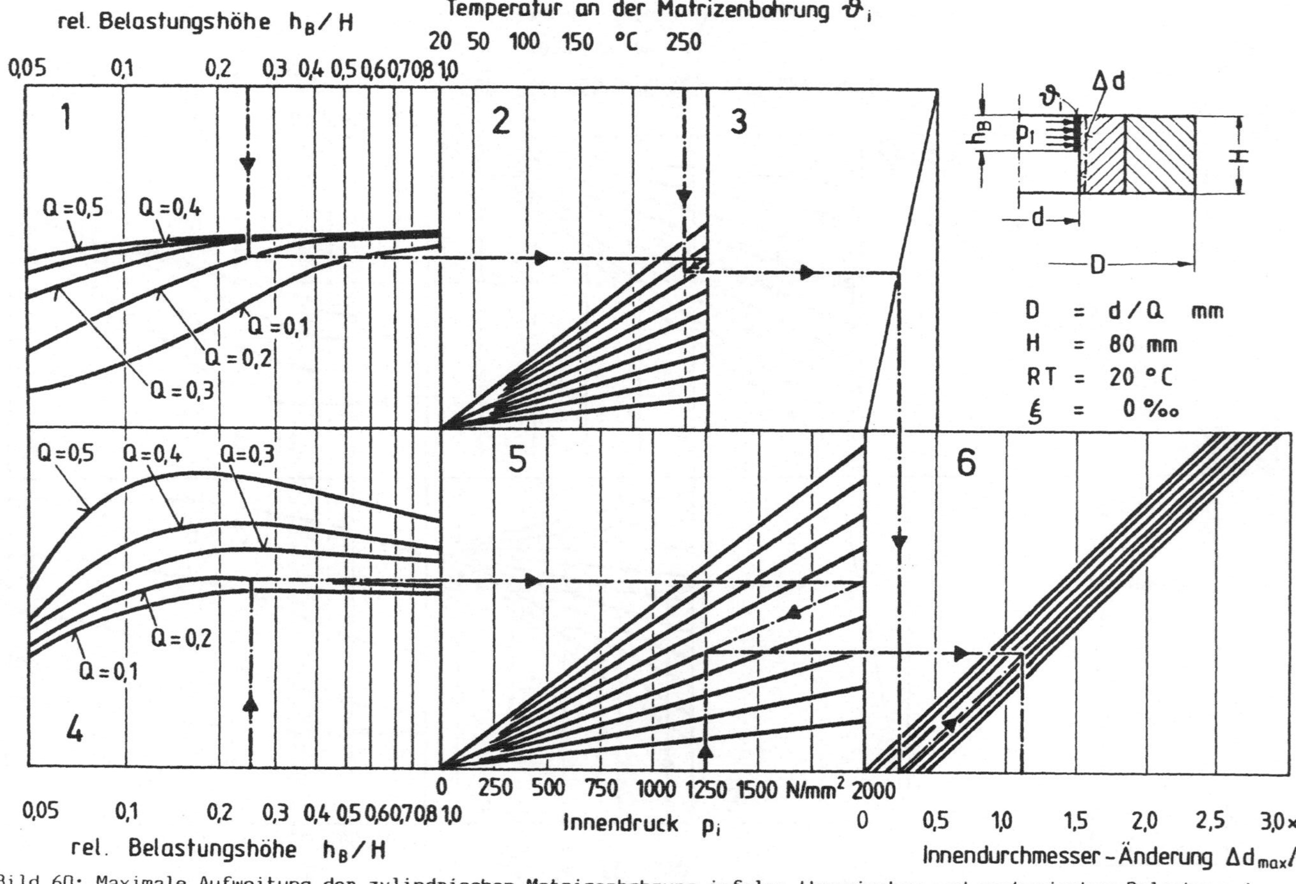

Bild 60: Maximale Aufweitung der zylindrischen Matrizenbohrung infolge thermischer und mechanischer Belastung der Matrize. Die Belastung geht von der oberen Matrizenstirnfläche aus.

Zur Ermittlung des durch den Innendruck p_i hervorgerufenen Aufweitungsan-
teils der Matrizenbohrung wird bei $h_B/H=0{,}25$ in Teilbild 4 eine vertikale
Hilfslinie erstellt und mit der Kurve, die das Schrumpfverbandverhältnis
$Q = 0{,}2$ beschreibt, zum Schnitt gebracht. Anschließend wird dieser Punkt
mit Hilfe einer horizontalen Hilfslinie auf die Begrenzung des Teilbildes
5 übertragen. Hier wird der Einfluß der absoluten Höhe des Innendruckes
auf die Bohrungsaufweitung berücksichtigt. Dazu muß auf dem entsprechenden "Innendruckstrahl" solange in Richtung zum Strahlursprung gegangen
werden, bis ein Schnittpunkt mit der vertikalen Hilfsgeraden, die beim
entsprechenden Zahlenwert des Innendruckes gezogen wird, möglich ist.
Dieser Schnittpunkt wird nun in Teilbild 6 übertragen und dort mit der
bereits gefundenen Geraden zum Schnitt gebracht. Das von diesem Punkt
gefällte Lot auf die Abszisse in Teilbild 6 beschreibt die maximale Innendurchmesseränderung der Matrizenbohrung bei kombinierter thermischer und
mechanischer Belastung. Im Fallbeispiel beträgt $\Delta d_{max} = 0{,}14$ mm.

Mit Bild 60 kann analog zu vorbeschriebener Vorgehensweise die maximale
Bohrungsaufweitung von Matrizen, die ausgehend von der oberen Bohrungs-
berandung thermisch und mechanisch belastet sind, gewonnen werden. Vorausgesetzt wird hier, daß sich der Belastungsbereich stets von der oberen
Matrizenberandung ausgehend, in Richtung Werkzeugauflage erstreckt.

7.2   <u>Maßänderung der Kalibrierbohrung von Fließpreßmatrizen mit abgesetzter Bohrung unter mechanischer Belastung und gleichzeitige
Temperatureinwirkung</u>

Bild 61 zeigt ein Nomogramm zur Ermittlung der Maßänderung am Kalibrier-
durchmesser d_k abgesetzter, armierter Fließpreßwerkzeuge. Die Maßänderung
des Kalibrierdurchmessers weist unter Last direkt am Schulterauslauf ein
Maximum auf. In das Nomogramm ist diese maximale Änderung des Kalibrierdurchmessers eingearbeitet. Weiterhin hat das Nomogramm nur für Schulteröffnungswinkel $60\,° < 2\alpha < 120\,°$ und den Umformgrad $\varphi \approx 1{,}4$ Gültigkeit. Bezüglich des Schultereintrittsradius $r_1 = 1$ mm und des Schulteraustrittsradius $r_2 = 0$ mm besteht eine Einschränkung in der Anwendbar-
keit des Nomogrammes. Allerdings haben beide Radien auf die erfaßte Aufweitung der Matirzenbohrung nur einen schwachen, untergeordneten Einfluß. Der Abstand Schulterauslauf zu Matrizenauflage betrug bei den durchgeführten Berechnungen 20 mm. Im übrigen sind die in Kapitel 7 bereits
angeführten Randbedingungen zu beachten.
Eine Schultermatrize mit einem Schulteröffnungswinkel von $2\alpha = 90\,°$,

einen Bohrungsdurchmesser d = 20 mm und einen Außendurchmesser
D = 100 mm wird am Ende eines Fließpreßvorganges noch über 20 % ihrer
Höhe mit einem Innendruck p_i = 1250 N/mm² und einer Temperatur an der
Bohrungswand von ϑ_i = 250 °C belastet. Der Umformgrad beträgt. $\varphi \approx 1,4$.
Gesucht ist die maximale Aufweitung der Kalibrierbohrung. Diese Aufwei-
tung beeinflußt den Schaftdurchmesser des Fließpreßteiles.

Vorgehensweise:

Um zunächst die Maßänderung durch die Temperatureinwirkung zu erfassen,
wird in Teilbild 1 auf der Abszisse bei Q = 0,2 ein Lot errichtet, das
mit der Kurve für die relative Belastungshöhe $h_B H/$ = 0,25 zum Schnitt
gebracht wird. Dieser Schnittpunkt wird horizontal in Teilbild 2 übertragen und dort wiederum mit dem Lot für den Schulteröffnungswinkel zum
Schnitt gebracht. Mit Hilfe einer parallelen Hilfslinie zu der Kurvenschar in Teilbild 2 wird nun dieser Schnittpunkt an der Teilbildgrenze
abgetragen und mit einer horizontalen Hilfslinie an die rechte Grenz-
linie des Teilbildes 3 übertragen. Nun wird parallel zu den "Temperaturstrahlen" in Richtung "Strahlenursprung" gefahren, bis sich ein Schnittpunkt mit dem Lot an der Bohrungswandtemperatur (hier ϑ_i = 250 °C) ergibt. Der so gefundene Schnittpunkt wird an der Spiegelgeraden in Teilbild 4 eingezeichnet und vertikal auf die Abszisse des Teilbildes 8 übertragen. Damit ist die entsprechende Kurve der Kurvenschar in Teilbild 8
bekannt.
Um die Maßänderung durch die Innendruckbelastung zu erfassen, wird in
Teilbild 5, beim Schrumpfverbandverhältnis Q = 0,2 ein Hilfslot, errichtet und mit der Kurve, rel. Belastungshöhe h_B/H = 0,25 zum Schnitt gebracht. Der Schnittpunkt wird mittels einer horizontalen Hilfslinie in
Teilbild 6 übertragen. Hier ergibt sich auf dem Lot zum entsprechenden
Schulterwinkel ein neuer Orientierungspunkt, der von hier ab parallel
zur Strahlenschar weiter bis an die Teilbildgrenze geleitet wird. Von
dort wird mittels einer horizontalen Hilfsgeraden dieser Punkt an die
rechte Begrenzung des Teilbildes 7 abgetragen. Nun wird parallel zu
den "Innendruckstrahlen" in Richtung Ursprungspunkt zurück gegangen
bis zum Schnittpunkt mit dem entsprechenden Innendruck (im Fallbeispiel
p_i = 1250 N/mm²). Dieser Schnittpunkt wird nun wiederum mit Hilfe einer
horizontalen Hilfsgeraden in Teilbild 8 mit der durch die Temperaturbe-
lastung bereits gefundenen Kurve zum Schnitt gebracht. Das Lot auf die
Abszisse des Teilbildes 8 ergibt die maximale Durchmesseränderung der
Kalibrierbohrung. Im Fallbeispiel beträgt diese Δd_K = 0,06 mm.

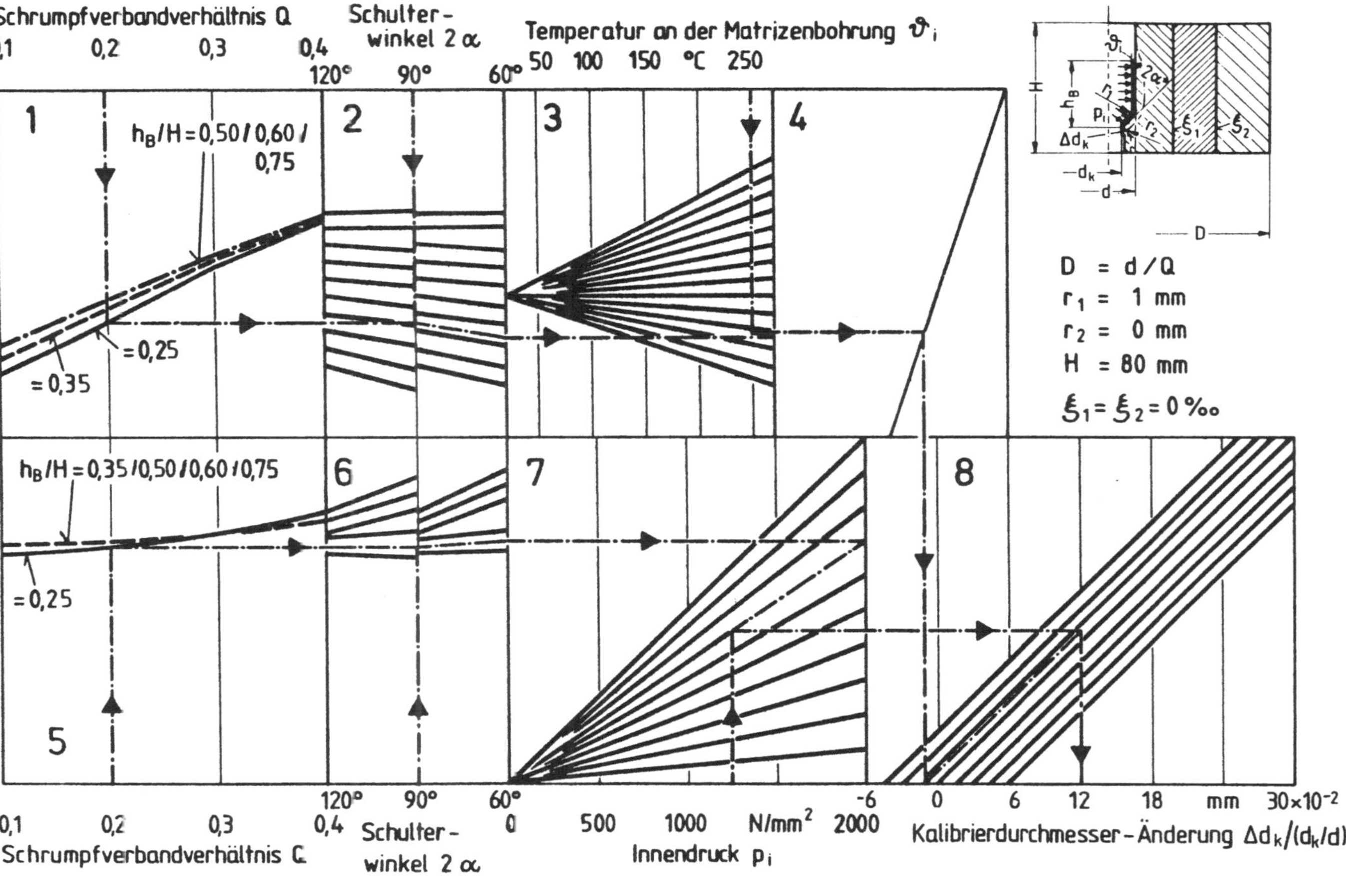

Bild 61: Maximale Aufweitung der Schultermatrize am Fließbund infolge thermischer und mechanischer Belastung der Matrize.

8   Zusammenfassung

Beim Kaltfließpressen wird das Fließpreßwerkzeug durch die vorgangsbeding-
ten Umformkräfte belastet. Diese Belastung bewirkt eine elastische Federung
des Werkzeuges.

Durch den Umformvorgang wird dem Werkstück Arbeit zugeführt. Diese Umformarbeit und die Reibarbeit an der Kontaktfläche Werkstück/Matrize führen
im Werkzeug zu einer Temperaturerhöhung und damit zu einer Wärmeausdehnung
der Matrizenbohrung.

Die radiale Aufweitung armierter Fließpreßmatrizen mit zylindrischer und
abgesetzter Bohrung wurde unter mechanischer Belastung und Temperatureinwirkung mit Hilfe der Finite-Elemente-Methode berechnet. Die Belastungssimulation erfolgte einerseits durch das Aufbringen eines hydrostatischen Innendruckes entlang der Bohrungswand der Matrize und andererseits durch das Erzwingen einer gewünschten Bohrungswandtemperatur. Variiert wurde der Innendruck zwischen $0 < p_i < 2000$ N/mm² und die Bohrungswandtemperatur zwischen
20 °C $< \vartheta_i < 270$ °C. Zur umgebenden Luft wurde ein konvektiver Wärmeübergang mit $\alpha = 8$ W/(m²K) und an der Werkzeugauflagefläche ein idealer Wärmeübergang angenommen.

Die Werkstoffkennwerte erwiesen sich im betrachteten Temperaturintervall
als von der Temperatur nur wenig abhängig und die Berechnungen wurden daher
mit konstanten Werten durchgeführt. Elastizitätsmodul, Wärmeleitfähigkeit
und Wärmeübergangskoeffizient üben auf die Bohrungsaufweitung der Matrize
nur einen vernachlässigbar kleinen Einfluß aus.

Die Matrizen mit zylindrischer Bohrung wurden symmetrisch zur halben Matrizenhöhe und asymmetrisch, ausgehend von der oberen Matrizenstirn, belastet.
Bei Matrizen mit abgesetzter Bohrung lag der Belastungsbereich vom Schulterauslauf ab in Richtung obere Matrizenstirnfläche.

Die Größe der Bohrungsaufweitung der Matrize hängt aufgrund des linear-
elastischen Werkstoffgesetzes linear von der Höhe des belastenden Innendruckes ab. Matrizen mit symmetrischer Lage der Belastung haben eine kleinere maximale Aufweitung als Matrizen, bei denen die Lage der Belastung von
der oberen Matrizenstirn ausgeht. Da beim Voll-Vorwärts-Fließpressen gerade
am Schulterauslauf die radiale Matrizenbelastung erheblich niedriger wird,
treten hier relativ kleine Durchmesseränderungen auf.

Die Lage der Längsteilung (Fuge) des Schrumpfverbandes sowie die Anzahl

dieser Teilungen haben auf die innendruckbedingte und temperaturbedingte
Aufweitung der Matrizenbohrung praktisch keinen Einfluß. Durch die Längsteilung eines Schrumpfverbandes mit bestimmten Abmessungen bleibt somit
dessen radiale Gesamtsteifigkeit unbeeinflußt. Bei gegebenen Werkzeugabmessungen ist bei radial vorgespannten Matrizen die Höhe der Vorspannung
auf die innendruckbedingte, radiale Bohrungsaufweitung der Matrize ohne
Einfluß.

Das Verhältnis Werkzeugbohrungsdurchmesser zu Werkzeugaußendurchmesser beeinflußt in starkem Maße die radiale Werkzeugsteifigkeit und damit die Größe
der Bohrungsaufweitung. Werkzeuge mit größerem Außendurchmesser haben bei
gegebenem Bohrungsdurchmesser eine höhere Radialsteifigkeit. Weiterhin
wird die Aufweitung der Matrize von der Größe des Belastungsbereiches beeinflußt. Mit zunehmender Größe des Belastungsbereiches vergrößern sich
auch die wirkenden Kräfte.
Bei Matrizen mit Fließpreßschulter ist die radiale Aufweitung der Kalibrierbohrung von der Größe des Belastungsbereiches und dem Schulteröffnungswinkel nur wenig abhängig.

Die Berechnungen der temperaturbedingten Matrizenaufweitungen wurden ausschließlich unter der Voraussetzung einer stationären Temperaturverteilung
im Werkzeug durchgeführt. Die betrachteten Schrumpfverbände zeigten eine
lineare Abhängigkeit zwischen temperaturbedingter Aufweitung der Matrizenbohrung und der Höhe der vorgeschriebenen Temperatur. Schrumpfverbände
mit großen Abmessungen wiesen eine geringere temperaturbedingte Bohrungsaufweitung auf als Werkzeuge mit kleinerem Außendurchmesser. Dies ist auf
die Veränderung der wärmeabgebenden Auflagefläche des Werkzeuges zurückzuführen.
Ein größerer Belastungsbereich bewirkt eine höhere Wärmeeinbringung in das
Werkzeug. Damit liegt dort ein höheres Temperaturniveau vor, was eine
größere Bohrungsaufweitung der Matrize zur Folge hat. Die temperaturbedingte Aufweitung der Bohrung kann nicht unabhängig vom Bohrungsdurchmesser
gesehen werden. Die Temperatureinwirkung verursacht eine entsprechend hohe
axiale Längung der Matrize.

Solange linear-elastisches Werkstoffverhalten vorliegt, sind die Einzelverschiebungen, hervorgerufen durch Innendruckbelastung und Temperatureinfluß,
superponierbar. Der temperaturbedingte Spannungsverlauf in armierten Matrizen
ist tendenziell gleich dem in einer radial vorgespannten Matrize. Damit wird
indirekt eine Haftmaßerhöhung erzeugt. Im Bereich noch temperaturabhängiger
Werkstoffkennwerte führt dies zu einer höheren Werkzeugbelastbarkeit.

Schrifttum

[1]   Lange, K.; Neitzert, Th.; Westheide, H.: Möglichkeit moderner
        Umformtechnik. wt-Z. ind. Fertig. 73 (1983), S. 349 - 358.

[2]   Lange, K.: Lehrbuch der Umformtechnik, Band 2 Massivumformung.
        Berlin/Heidelberg/New York: Springer 1974.

[3]   Schmidt, H.: Möglichkeiten zur Sicherung enger Maßtoleranzen.
        wt-Z. ind. Fertig. 72 (1982), S. 61 - 64.

[4]   Besser, M.; Pöhlmann, W.: Ausstoßkräfte beim Kaltfließpressen.
        Umformtechnik 20 (1970) 4, S. 241 - 245.

[5]   VDI 3186: Werkzeuge für das Kaltfließpressen von Stahl. Gestaltung,
        Herstellung, Instandhaltung, Berechnung von Preßbüchsen und
        Schrumpfverbänden. VDI-Verlag GmbH, Düsseldorf 1974.

[6]   Lamé, Clapeyron: Memoire sur l'équilibre interieur des corps
        solides homogènes. Journal für die reine und angewandte Mathema-
        tik. Berlin: 1831, S. 145 - 169, S. 237 - 252, S. 381 - 413.

[7]   Friedewald, H.-J.: Richtlinien für die Konstruktion vorgespannter
        Fließ- und Strangpreßwerkzeuge. wt 49 (1959) 1, S. 42 - 49.

[8]   Friedewald, H.-J.: Preßpassungen für Schnitt- und Umformwerkzeuge.
        VDI-Forschungsheft Nr. 472, VDI-Verlag, Düsseldorf 1959.

[9]   Schulz, E.: Berechnung von vorgespannten Preßwerkzeugen für
        das Kaltumformen von Stahl. Draht 16 (1965) S. 546 - 547.

[10]   Adler, G.; Walter, K.: Berechnung von einfachen und mehrfachen
        Preßpassungen. Ind.-Anz. 89 (1967) 39, S. 805 - 809 und
        Ind.-Anz. 89 (1967) 47, S. 967 - 971.

[11]   VDI-Richtlinie 3186: Werkzeuge für das Kaltfließpressen von
        Stahl, Blatt 3. VDI-Verlag, Düsseldorf 1974.

[12]   Schraven, G.; Blum, J.: Vereinfachte Methode zur Auslegung
        von Schrumpf- und Preßpassungen für Kaltpreßwerkzeuge. Draht-
        Welt 59 (1973) S. 214 - 220.

[13] D'jacuk, V. P.: Vereinfachte Methode zur Berechnung von vorgespann-
      ten Umformmatrizen. Kuzn.-Stamp.Proizvod.22 (1980) 7, S. 9 - 11.

[14] Rüdt, W.; Geiger, M.: Untersuchungen über Berechnungsverfahren
      für Schrumpfverbände mit Entwicklung eines Rechnerprogrammes.
      Untersuchungsbericht Nr. 50/75, Institut für Umformtechnik,
      Universität Stuttgart 1975.

[15] Krämer, G.: Beitrag zur beanspruchungsgerechten Auslegung von
      rotationssymmetrischen Fließpreßmatrizen. Berichte aus dem
      Institut für Umformtechnik, Universität Stuttgart, Nr. 49.
      Essen: Girardet 1980.

[16] Lange, K.; Neitzert, Th.: Rechnerunterstützte Auslegung von
      doppelt armierten Werkzeugen zum Kaltpressen. CAD-Berichte,
      KfK-CAD 177, Karlsruhe 1980.

[17] Neitzert, Th.: Auslegung von rotationssymmetrischen Fließpreßwerk-
      zeugen im Bereich elastisch-plastischen Werkstoffverhaltens.
      Berichte aus dem Institut für Umformtechnik, Universität Stuttgart,
      Nr. 62. Berlin/Heidelberg/New York: Springer 1982.

[18] Melan, E.; Parkus, H.: Wärmespannungen (infolge stationärer
      Temperaturfelder). Wien: Springer 1953.

[19] Becker, J. S.; Mollick, L.: The Theory of the Ideal Design
      of a Compound Vessel. Journal of Engineering for Industry (1969) 5,
      S. 136 - 142.

[20] Dahlheimer, R.: Beitrag zur Frage der Spannungen, Formänderungen
      und Temperaturen beim axialsymmetrischen Strangpressen. Berichte
      aus dem Institut für Umformtechnik, Universität Stuttgart, Nr. 20.
      Essen: Girardet 1970.

[21] Gieselberg, K.: Untersuchungen an Strangpreßmatrizen. Berichte
      aus dem Institut für Umformtechnik, Universität Stuttgart, Nr. 32.
      Essen: Girardet 1975.

[22] Altan, T.: Temperature Distribution in Axisymmetric Extrusion
      Through Conical Dies. Berkeley 1966. University of California,
      Berkeley, Diss.

[23]   Behr, K.-A.; Danz, B.: Temperaturen in der Wirkfuge beim Kalt-
       und Warmfließpressen. Umformtechnik (1975) 4, S. 3 - 13.

[24]   Mareczek, G. u. a.: Thermische und mechanische Beanspruchung von
       Gesenken. wt-Z. ind. Fertig. 67 (1977) S. 661 - 666.

[25]   Stute - Schlamme, W.: Konstruktion und thermomechanisches Verhalten
       rotationssymmetrischer Schmiedegesenke. Hannover 1981. - Hannover
       Techn. Univ., Dr.-Ing.-Diss.

[26]   Stabel, J.: Finite-Element-Methoden zur Berechnung von Problemen
       der Warmmassivumformung. Dortmund 1981. - Dortmund Univ.,
       Dr.-Ing.-Diss.

[27]   Imai, K.: Effects of Tool Deformation and Product's Elastic Reco-
       very on the Dimensional Accuracy of Backward-Extruded Cups. JSTP
       23 (1982) 252, S. 35 - 43.

[28]   Leykamm, H.: Beitrag zur Arbeitsgenauigkeit des Kaltmassivumfor-
       mens. Berichte aus dem Institut für Umformtechnik, Universität
       Stuttgart, Nr. 57. Berlin, Heidelberg, New York: Springer 1980.

[29]   Buck, K. E.; Scharpf, D. W.; Stein, E.; Wunderlich, W.: Finite
       Elemente in der Statik. W. Ernst und Sohn, München 1973.

[30]   Gallagher, R. H.: Finite Elemente Analysis. Berlin/Heidelberg/
       New York: Springer 1973.

[31]   Argyris, J. H. u. a.: Berechnung von Temperatur- und Feuchtefel-
       dern in Massivbauten nach der Methode der finiten Elemente.
       ISD-Bericht Nr. 213, Stuttgart 1977.

[32]   Argyris, J. H. u. a.: Fintie Elemente zur Berechnung von Spann-
       beton-Reaktordruckbehältern. ISD-Bericht Nr. 137, Stuttgart 1973.

[33]   Zienkiewicz, O. L.: The Finite Element Method in Engineering
       Science. London: Mc Graw Hill 1968.

[34]   Argyris, J. H.: Energy Theorems and Structural Analysis, 5. Aufl.
       New York: Plenum Press 1971.

[35]   Lewis, P. W.; Morgan, K.: Numerical Methods in Thermal Problems. Swansea: Redwood Burn Ldt. 1979.

[36]   Gröber, Erk, Grigull: Die Grundgesetze der Wärmeübertragung. 3. Aufl. Berlin, Heidelberg, New York: Springer 1963.

[37]   Argyris, J. H.; Grieger, I.; Sörensen, M.: Die Methode der endlichen Elemente und ihre Anwendung im Maschinenbau. ISD-Bericht Nr. 101, Stuttgart 1971.

[38]   SMART II: Stationäre Diffusion. ISD Bericht Nr. 187, Stuttgart 1976.

[39]   SMART I: Lineare Eleastostatik, Benutzerhandbuch. ISD-Bericht Nr. 186, Stuttgart 1976.

[40]   Neubert, B.; Voelkner, W.: Ermittlung der Werkzeugbeanspruchung beim Fließpressen. Fertigungsstechnik und Betrieb, 29 (1979) 11, S. 681 - 685.

[41]   Weiergräber, M.: Werkzeugverschleiß in der Massivumformung. Berichte aus dem Institut für Umformtechnik, Universität Stuttgart, Nr. 73. Berlin, Heidelberg, New York: Springer 1983.

[42]   Klafs, U.: Ein Beitrag zur Bestimmung der Temperaturverteilung im Werkzeug und Werkstück beim Warmumformen. Hannover 1963. - Hannover Techn. Univ., Dr.-Ing.-Diss.

[43]   Pawelski, O. : Berechnung der Wärmeübergangszahl für das Warmwalzen und Schmieden. Archiv für das Eisenhüttenwesen 40 (1969) 10, S. 821 - 827.

[44]   Lueg, W.: Die Wärmeübergangszahl bei der Berührung fester metallischer Körper. Mitteilungen K.-Wilh.-Inst., Eisenforschung 23 (1941) S. 121 - 122.

[45]   Bungardt, K.; Spyra, W.: Wärmeleitfähigkeit unlegierter und legierter Stähle und Legierungen bei Temperaturen zwischen 20 und 700 °C. Archiv für das Eisenhüttenwesen 36 (1965) 4, S. 257 - 261.

[46]   Kindboom, L.: Warmrißbildung bei Temperaturwechselbeanspruchung
         von Warmarbeitswerkzeugen. Archiv für das Eisenhüttenwesen 35
         (1964) 8, S. 773 - 780.

[47]   Laar, K.; Löwen, J.: Druckmessung im Arbeitsraum von Kaltfließ-
         preßmatrizen. Ind.-Anz. 99 (1977) 91, S. 1826 - 1828 und Ind.-
         Anz. 99 (1977) 98, S. 1988 - 1990.

[48]   VDI 3185: Berechnung der bezogenen Stempelkraft und der größten
         Fließpreßkraft für das Napf-Rückwärts-Fließpressen von Stahl bei
         Raumtemperatur, Blatt 2. VDI-Verlag GmbH, Düsseldorf 1970.

[49]   ICFG DATA Sheet 6/72: Dies (Die Assemblies) for Cold Extrusion
         of Steel. Inst. of Sheet Metal Engineering: London 1972.

[50]   Burgholte, P.: Ermittlung der Spannungsverteilung in zylindri-
         schen zweiteiligen längsvorgespannten Preßwerkzeugen. Hannover
         1965. - Hannover Techn. Univ., Dr.-Ing.-Diss.

[51]   Hirai, T.: Effective Fitting Pressure Distribution in the Design of
         Reinforced Tools. Technical Presentation for ICFG 12th Plenary Meeting.
         Stuttgart 1979.

[52]   Mordassow, J. W.: Methode zur experimentellen Ermittlung von
         Kontaktnormalspannungen. Umformtechnik 15 (1981) 3, S. 19 - 24.

[53]   Hetzer, P.: Ein Beitrag zur Ermittlung der Kontaktnormalspan-
         nung beim Rückwärts-Napf-Warmfließpressen. Dresden 1972. -
         Dresden Techn. Univ., Dr.-Ing.-Diss.

[54]   Kudo, H.; Matsubara, Sh.: Analyse der Spannungen in zylindri-
         schen Werkzeugen endlicher Länge, die einer inneren Druckspan-
         nungsverteilung ausgesetzt sind. Ind.-Anz. 92 (1970) 4,
         S. 631 - 634.

[55]   Eberlein, L.: Einige Ergebnisse der Verfahrensforschung Fließ-
         pressen. Fertigungstechnik und Betrieb 25 (1975) 6, S. 350 - 355.

[56]   Maegaard, V.: Cold Forging with High tooling loads. 1982. -
         Technical University Denmark, M. Sc.-thesis.

[57]   Schmitt, G.: Untersuchungen über das Rückwärts-Napffließpressen von Stahl bei Raumtemperatur. Berichte aus dem Institut für Umformtechnik, Univ. Stuttgart, Nr. 7. Essen: Girardet 1968.

[58]   Wanheim, T.; Bay, N. von: A Model of Friction in Metal Forming Processes. In: Annals of the CIRP 27 (1978), S. 189 - 194.

[59]   Nester, W.: Verhalten vorgespannter Keramikmatrizen unter thermomechanischer Belastung. Neuere Entwicklungen in der Massivumformung, Forschungsgesellschaft Umformtechnik mbH, Stuttgart 1983.

[60]   N. N.: Werkzeugstähle. Thyssen Edelstahlwerke AG, Druckschrift 1122/5, Krefeld 1981.

[61]   ICFG Data Sheet 4/82: General Aspects of Tool Design and Tool Materials for Cold and Worm Forging. ICFG No. 4/82, Portcullis Press Ltd., London 1982.

[62]   Burgdorf, M.: Umformgerechtes Gestalten der Werkstücke. VDI-Berichte Nr. 266 (1976) S. 67 - 72.

[63]   VDI 3138: Kaltfließpressen von Stählen und NE-Metallen, Anwendung. VDI-Verlag GmbH, Düsseldorf 1970.

[64]   Behery, El. A.; Lamble, J.; Johnson, W. von: The Measurement of Container Wall Pressure and Friction Coefficient in Axi-Symmetric Extrusion. In: Machine Tool Design and Research, Manchaster 1963.

[65]   Geiger, M.; Steck, E.: Näherungsrechnung zur Ermittlung des Spannungs- und Bewegungszustandes beim Fließen eines starrplastischen Werkstoffes. Ind.-Anz. 89 (1967) S. 1778 - 1781.

[66]   Bay, N.: Surface Stresses in Cold Forward Extrusion. Annals of the CIRP 32(1983) 1, S. 195 - 199.

[67]   Lange , K.: On the Stress Distribution in Prestressed Extrusion Dies Under Non-Uniform Distribution on Internal Pressure. Int. J. Mech. Sci., erscheint Vol. 27,1985.

[68]   Zicke, G.: Ein Beitrag zur Frage der Temperaturverteilung in Gesenkschmiedestücken.Hannover 1973. - Hannover, Techn. Univ., Dr.-Ing.-Diss.

Berichte aus dem Institut für Umformtechnik der Universität Stuttgart

Herausgeber Professor Dr.-Ing. Kurt Lange

Die Berichte 1 bis 58 sind zu beziehen durch das Institut für Umformtechnik, Holzgartenstr. 17, 7000 Stuttgart 1

Die Berichte 59 und folgende sind zu beziehen durch den Springer-Verlag, Berlin Heidelberg New York Tokyo

Die Berichte 59 und folgende sind zu beziehen durch den Springer-Verlag, Berlin Heidelberg New York Tokyo